時報出版

0-6歲兒童成長手冊

掌握學習關鍵，培養五大基礎能力

職茁
OüTstanding

目次

推薦序

「她常常這樣，會用腳頂著地板推著移動」、「他會開始哭喔，如果你一直盯著他看，而且不做出任何表情」……家中的小寶貝總能引起父母親的注意，彷彿裝上靈敏的探測器，察覺到每一個微小變化。然而，這些觀察是否暗示了孩子在各方面發展能力的轉變？又有哪些行爲需要特別留意，作爲早期介入的警訊呢？

《0—6歲兒童成長手冊》透過專業解析，涵蓋〇—六歲兒童的發展能力，並結合簡易檢核表、遊戲內容與情境設置建議，爲父母提供平易近人的指引，幫助他們理解孩子的行爲意義與能力變化。同時，書中也提供具體的互動與教養策略，讓父母能更自信地應對孩子每個發展階段的挑戰。作爲在兒童發展與早期療育領域深耕多年的學者與臨床工作者，我特別想提醒各位父母，發展能力里程碑雖然是參考指標，但每位孩子的發展速度各有不同。正如書中所提醒，若與指標內容有明顯落差，務必尋求專業評估與協助。此外，隨著環境資訊的多元化，孩子的探索經驗愈加豐富，也可能影響能力發展的節奏。家長應適時更新相關資訊，避免過度擔憂或掉以輕心，才能更自在地陪伴孩子成長。

這本書內容實用且資訊詳盡，是一本不可或缺的兒童成長工具書，陪伴父母在孩子的每個重要時刻，共同見證成長的驚喜與美好。

長庚大學職能治療學系　黃湘涵　副教授

CHAPTER 1

第一章：關於這本書

一、成長中的重要能力

○～一歲：大動作帶動基礎能力發展

孩子是媽媽懷胎十個月辛苦生下來的寶貝，媽媽用自己的身體保護著最愛的孩子，而孩子也在媽媽的肚子中受到滿滿的關愛及照護，健康快樂的長大，但是從肚子裡出來的那一刻，迎來的是一個未知又充滿挑戰的環境，種種的困難正等著我們的孩子，他們眞的已經準備好要探索這個全新的世界嗎？一起來看看孩子需要具備什麼能力吧！

小小能力探索大大世界

對○～一歲的孩子而言最重要的能力就是粗大動作發展表現，當孩子經過不斷地練習、不斷地失敗後開始出現姿勢轉換、站立行走時，就具備可以移行的能力，換言之就是可以不用他人協助、自己去探索環境，家長可以在旁引導、支持，且給予孩子喜愛的玩具誘導動作出現，最後，適時的放手讓孩子自己去嘗試、練習，才能達到眞正的成長。

孩子剛出生時總是靜悄悄地躺在媽媽懷裡，像個可愛的小天使，是大家心中的寶貝，但是當孩子想要吃飯、想要抱抱時，可愛乖巧的寶貝一轉眼變成煩人的小怪獸！此時的孩子會用哭泣及大叫請求他人協助，因爲他們無法使用肢體及言語表達自身想法，只能使用此方式告訴大人「我要抱抱」、「我要吃飯」，這樣的情況讓很多媽媽都煩惱不已，可是，這樣的日子到底要過多久呢？

其實，小怪獸也會有長大的一天！孩子在出生後各種身體器官逐漸發育完成，具備探索環境的先備條件，開始學習使用肢體表達想法，例如：社會性微笑、用肢體表示想要的物品等，增加更多與外界互動的方式，家長可以適當地讓孩子去表達跟選擇，並且鼓勵使用非情緒性的表達。

教養小技巧：

★適度地引導、適度地放手（例如：當孩子嘗試自己從趴姿到仰躺時，可以在骨盆位置給予些微動作引導。）

★建立安全又合宜的環境（例如：地板鋪上軟墊、桌腳使用防撞條等保護孩子的安全。或是：地板減少擺放物品，提供孩子一個足夠的空間練習。）

★選擇合適的玩具（例如：選擇具有耐咬材質、顏色多元、可提供感官刺激的玩具。）

一～三歲：加速探索環境、認知語言發展

一～三歲的孩子看起來還懵懵懂懂，但其實這個時期的孩子正經歷著一生中最重要的大腦發育階段，三歲前是大腦發育的黃金期，因此這個階段的能力會很大幅度影響後續的動作甚至是認知發展。

基礎動作的熟練及手眼協調的建立

一～三歲的孩子還在「做中學」的階段，因此動作的品質會大大影響孩子的認知發展效率！這個年齡層的孩子會逐漸熟悉走、跑、跳、翻滾等移行方式，而這些動作帶給孩子更多、更快速認識環境的機會，所以移動能力是這個年齡層重要的指標之一。

另外，手部動作的發展也是另一個不可或缺的指標，手部操作能力及*手眼協調能力是後續孩子發展工具操作甚至是閱讀書寫能力的重要基礎，因此這個階段會看重孩子能不能雙手操作物品、能不能精確拿起並對準目標。

發展基礎表達及社交情緒

因爲大腦正在快速發育，這個年齡層的孩子在認知語言上會有明顯的成長。語言部分，一～二歲的孩子從牙牙學語到精準仿說，三歲的孩子則可以自己用句子表達簡單的需求及情緒，然而這些語言的發展都

與他人互動及觀察模仿脫不了關係，因此「聯合注意力」就是這個階段認知語言的一個指標。除此之外，這個階段的孩子也正在建立自我意識，開始從無時無刻黏著家長到逐漸能自己探索這個世界，從凡事依靠父母引導到開始能主動找同儕遊戲，這個階段可以特別觀察孩子是否能逐漸獨立自主並與同儕互動。

一~三歲的孩子正面對著人生中第一次快速發展的階段，家長可以鼓勵孩子多多探索不同的環境及不同的人，營造多元的環境跟著孩子一起迎來動作及認知快速爆發的時刻。

教養小技巧：

★提供安全、支持的環境及氛圍，鼓勵孩子多跑、跳、攀爬（例如：帶著孩子一起爬沙發、小椅子，讓孩子在上面轉身後再爬下。）

★提供多元、不同大小/材質的小物品，引導孩子組裝/投放（例如：投硬幣、疊樂高、套圈圈等。）

★以鼓勵取代強迫，漸進式引導孩子說話（例如：當孩子發出類似的聲音時立即給予鼓勵，並再念一次正確的音給孩子聽，不需要強迫孩子一定要說出某個字或詞之後才能做某件事。）

三~四歲：人際互動、常規建立

三~四的孩子已具備很好的移行能力，對於環境的探索方式更多元，孩子開始快速累積各種知識，伴隨自我意識的發展，孩子能更完整表達出自己的想法，此時家長最重要的任務是幫助孩子建立穩定的自我感，於此同時也需留意孩子的基本常規和行為養成，讓孩子奠基對自己負責的重要概念。

適時讓孩子作主

孩子在三歲過後有了更強烈的自我意識，開始嘗試許多大人眼中「挑戰底線」的行為，這是因為孩子漸漸發現自己是獨立的個體，可以有著與家長不一樣的想法，甚至渴望能在日常生活中自己做決定，於是藉著跟大人「唱反調」來滿足自己做選擇的渴望，因此這一段時期可說是孩子行為養成的關鍵期，家長可以把握「踩穩底線，互相尊重」的原則與孩子互動，在安全且正當的前提下適時交還孩子自主權，讓孩子能練習獨立思考、學習對自己負責。

學習如何與人相處

有些家長會在三~四歲這個時期送孩子上幼兒園，以治療師的角度而言，為孩子營造多樣的社交情境是必要的。孩子建立自我的同時也正適合學習人際互動，正因為孩子開始意識到「自己」，才更需要學習如何與「別人」相處，透過同儕間合作、競爭、衝突等不同遊戲型態，孩子從中演練分享、輪流、溝通等各種應對策略來學習如何與他人共處、建立適當的人我分際、發展同理心。

隨著認知的進展，孩子日常生活中應該加入更多學習任務（例如：建構式玩具、繪本共讀、體能活動），當孩子一天的行程變得越來越豐富，規律的作息將成爲穩定孩子心性的重要元素，此時若家長能協助孩子建立常規，除了能避免孩子因爲生活混亂而引發相關情緒波動，家長也能減輕許多照顧上的負擔，此外不妨也試著帶孩子做些簡單家事（例如：洗菜、摺毛巾），不僅可以順便訓練粗大／精細動作技巧，更能夠透過協助家務來培養孩子的責任心。

教養小技巧：

★對「必須」做的事避免給予是非題，直接給予選項（例如：不問「洗澡澡好不好？」改問「寶貝你想要沖澡還是泡澡？」）

★家長是孩子的鏡子，從互動以身作則（例如：先「同理孩子感受」取代先「打罵」、家中成員避免在孩子面前惡言相向。）

★建立作息常規，堅守基本規範（例如：吃飯坐在固定位置、吃完飯才能看電視、玩具玩完要自己收。）

四～五歲：社交／抽象概念的建立與熟練、日常生活功能

進入到四歲這個時期的孩子，開始很有自己的想法，什麼都想試試看，什麼都要自己來，別人要幫忙都不行。身爲家長的我們，能做的就是確認孩子遊戲環境上的安全，然後放手給孩子去探索。

動作技巧上的精熟

在粗大動作方面，孩子在原本習得的「爬站走跑跳」動作上更爲精進，肌耐力、協調性、平衡能力越來越好，讓他們能做出更多變化的動作型態，像是孩子可以連續單腳往前跳四～六下、可以玩跳格子單雙腳交替跳、能夠將球踢的又高又遠等。孩子的活動量增加、肌力變好，也更喜歡肢體接觸較多的遊戲。相較於其他時期，這個階段的孩子更注重目標而非動作完成的喜悅，所以可以多選擇以目標爲導向的遊戲，例如：踢罐子、投籃等遊戲。

工具操作的訓練

這個時候孩子也開始接觸各種文具，像是鉛筆、彩色筆、剪刀、膠水、貼紙等物品，精細動作在工具的使用上有明顯的提升，可以帶孩子嘗試利用各種材料進行手作，透過在畫紙上著色、仿畫、寫數字、摺

紙的活動，讓他們訓練雙手的小肌肉控制。

生活自主能力的提升

孩子能專注在一件事情上的時間變長，可以玩一項玩具至少十～十五分鐘，也可以自己遊戲三十分鐘以上。這時候的孩子在日常生活上已經有很多可以獨立完成的部分，像是能夠自己穿脫衣服和褲子、可以正確穿上鞋子而不會左右相反，也能夠協助一些家庭事務如分類衣服、倒垃圾等。開始發展較複雜的生活自理能力，像是整理書包、自己上廁所、自己盥洗等等，家長可以讓這個時期的孩子協助備菜、做家事，讓孩子學習責任感，也訓練他們的專注能力。

進入團體遊戲合作時期

孩子玩遊戲時也開始會有合作的關係，一起完成某件事情或目的，在團體裡各司其職，像是玩扮家家酒、角色扮演的遊戲在這時期非常受歡迎，你來演媽媽、我來當爸爸，把現實遇到的情況和他們豐富的想像力串在一起。在語言能力上，孩子更可以用完整的句子表達自己的想法，也能順暢的跟家長聊天且內容切題，這時候經常聽到孩子在學校團體裡的趣事和觀點，也可以藉由聆聽來建立家長和孩子親子關係的好時機。

教養小技巧：

★陪伴孩子成長（例如：這時期的孩子想自己完成所有事情，但動作又較笨拙時，請家長不要急，忍住你想幫忙的心，陪伴在孩子旁給予鼓勵，當孩子自己成功完成任務時會更有成就感。）

★創造口訣（例如：當孩子在自己動練習某項事情時，可以將技巧或動作分解，創造口訣幫助孩子記憶。）

五～六歲：學前轉銜重要能力培養

五～六歲的孩子開始準備踏入小學的校園生活了，離開家裡的時間越來越長，孩子開始要獨自面對另一個小型社會，生活自理與學前能力的培養就格外重要，家長在這時可以提供一個合適的學習環境並扮演好的引導角色，運用陪伴降低焦慮，運用鼓勵增加能力。

學前能力培養

小學開始孩子開始面對許多相對複雜的任務，其中大部分家長最在意的無非是孩子的學習能力，要能專注的聽老師上課、好好完成作業、上課來得及抄寫……要做到這些，基礎的能力則要達到一定的成熟度，包含維持長時間的專注力、良好的握筆姿勢、任務間的轉換、常規的建立與遵從，家長可以透過模擬與遊戲和孩子共同經歷類似情境，詳細的學前能力培養遊戲可以在後面的篇章看到。

降低上學與分離焦慮

上小學前很多孩子會有一些緊張以及焦慮的情緒出現，其實不只孩子，相信很多父母也是十分的替孩子緊張，在這裡特別提醒各位家長，孩子是感受的到你的焦慮的喔！所以，你可以跟孩子分享你的感受，並與孩子共同經歷準備的過程，整理書包、文具，一起到校園逛逛，一起試穿制服，一起聊聊上學最期待跟最緊張的事情，這些都有助於陪伴孩子度過緊張的情緒，也讓孩子知道，不用怕！家長都在！

社交能力訓練

小學這個小型社會是孩子第一次開始長時間的建立人際關係，這時孩子的重要他人慢慢地從家人開始轉變為同儕，開始很在意同儕的評價以及遊戲的互動，這時期在社交上的挫折常常會讓孩子不想到學校去，所以家長們可以在家裡讓孩子開始練習主動幫忙，在自然情境中與孩子練習分享、輪流、合作等等的正向社交能力，也別忘了教導孩子在面臨不喜歡的事物時應該如何建立適當的應對策略。

教養小技巧：

★先鼓勵再評價（例如：看到孩子寫作業的時候在畫畫，可以先看看孩子在畫什麼，表達畫得不錯可是現在不是畫畫的時間喔！）

★共同度過每個難關（例如：讓孩子知道不管發生什麼都可以找家長一起討論，透過陪伴與鼓勵建立親子間信任感。）

★模擬演練（例如：創造情境並透過遊戲的方式讓孩子進行換位思考，有時也可以請孩子扮演父母，讓孩子了解你的感受。）

二、本書使用方式

本書獻給每個努力養育孩子的家長。陪伴孩子的成長之路雖漫長卻也療癒，如何在家裡也能讓孩子們從遊戲中培養應具備的能力，需要一點指引。

這本工具書將孩子分成不同的年紀區段，第二章到第六章會分別介紹〇～六歲的孩子各項能力的表現，詳細說明各年齡層孩子應該具備的能力，並且提供適合訓練該能力的遊戲供家長參考使用。且每章節的最前面均附有各年齡層的簡易檢核表，提供家長們快速審查孩子目前的能力是否與該年紀相襯。

另外，在本書第七章節特別設有學齡前孩子所需具備的能力與訓練，在即將進入小學的轉銜期，讓孩子能夠習得應具備的技能，未來在面對環境的轉換時，能夠更快適應、快樂學習。

本書還設有一章教導家長如何設計遊戲、如何運用家裡的設備器材，在家運用遊戲的方式訓練孩子，帶領孩子玩出能力。

若對於孩子目前的發展仍有疑慮或者需要協助，我們也列出早期療育相關的知識、書籍和專業，協助家長能夠盡早尋求到幫助。

使用本書時，建議家長可以直接從家裡寶貝的年齡章節開始閱讀，詳細了解該年齡須具備的能力後，透過文章內提供的遊戲訓練孩子的技能，並且利用第八章節的設計遊戲方式，和孩子玩出更豐富更多樣的遊戲。當孩子都具備該年齡層應具備得能力時，就可以往下個年齡階段去做準備。

要提醒的是，每個孩子的生長曲線皆不同，學習有快有慢，因此檢核表爲普遍這個年齡孩子能夠做到的事情，發現孩子能力與檢核表落差一到兩個月皆屬正常範圍，請家長不要擔心。但若孩子能力嚴重落後同齡層，請家長務必盡快尋求協助。

最後，祝每位用心陪伴孩子的家長，使用本書愉快！

以下為本書會使用的專有名詞介紹：

第一章、〇～一歲「小怪獸出來啦」

* **手眼協調**：藉由眼睛定位物品在空間的位置，將手逐漸靠近物品直到碰觸或抓握爲止的能力。
* **尺側抓握**：使用後三隻手指（中指、無名指、小指）包住物品的動作。
* **掌心抓握**：使用掌心包住物品的動作。
* **橈側抓握**：使用前三隻手指（拇指、食指、中指）包住物品的動作。
* **耙子抓握**：使用五隻手指指節一起彎曲把物品耙到掌心的動作。

方向順序平順觀察的能力。

*眼神追視、眼球追視：眼球可以持續看著一個移動中物品的能力，或是可以在一群物品中依照一定

*指尖抓握：使用大拇指及食指指尖捏住物品的動作。

*側邊抓握：使用大拇指的指節及食指的指側捏或壓住物品的動作。

第三章、二～三歲「最可愛的小麻煩」

*掌內操作：使用手指或手掌將手中的物品在掌心與手指間移動的能力。

*假扮遊戲：又叫象徵遊戲，孩子會透過想像力，來演出日常的情況或是平常接觸到的角色，像是在書本上打字想像著自己是媽媽在工作打字，通常孩子約一．五歲後會出現假扮遊戲。

*平行遊戲：孩子們雖然聚在一起玩相同的遊戲，但主要都是各自完各自的，獨立遊戲，並無合作的概念，這主要發生在二～三歲的孩子上。

*深度覺：對深度的感知，可用視覺分辨深淺差異。

第四章、三～四歲「活蹦亂跳充滿好奇」

*指間操作：將物品在不同的指節中或手指中移動位置的能力，例如：綁鞋帶時鞋帶在手指間來回移動。

＊**旋轉**：物品在手指中轉動，例如：轉開瓶蓋、單手轉筆。

＊**假想遊戲**：孩子可以在一個虛構的情境下做出符合該情境的事情，例如：角色扮演、扮家家酒，除了能做出角色的任務之外，也開始能理解這個角色會在什麼情境下出現，和假扮最大的不同就是包含了情境喔！

第五章、四～五歲「什麼都想自己來」

＊**視覺搜尋**：在視野範圍內用眼睛找到指定目標的能力，需大量篩選視覺資訊並選擇符合特徵的物品。

第六章、五～六歲「失控的小大人」

＊**執行功能**：大腦前額葉的功能，主要包含三種能力：認知彈性、工作記憶和訊息抑制，幫助我們處理日常生活中各種訊息。

＊**認知彈性**：形成想法，並在不同的策略之間切換的能力。

＊**工作記憶**：將記憶訊息更新、操縱並轉變成爲可行的計畫來調整行爲或解決問題的能力。

＊**訊息抑制**：忽略不相關的事情，專注於當下需要處理任務的能力。

＊**眼球追視**：眼球可以持續看著一個移動中物品的能力，或是可以在一群物品中依照一定方向順序平順觀察的能力。

＊**視覺區辨**：看到物品時，可以辨別物品外觀特徵，包含顏色、形狀、大小、材質等，並能和其他物品比較彼此異同的能力。

CHAPTER 2

第二章：〇～一歲「小怪獸出來啦」

一、簡易檢核表

	粗大動作	精細動作／視動整合	認知／語言
○個月～三個月	□俯臥時頭稍可抬起（1M） □俯臥時頭抬起四十五度（2M） □俯臥時頭抬九十度（3M）	□反射性抓住放入手中的物品（1M） □過中線左右追視（2M） □雙手在胸前接觸（3M） □抓握反射消失（3M）	□聽到聲音會轉頭（1M） □注意人臉（1M） □會對人笑（3M） □視覺偏好：人臉＞黑白＞單一色彩
三個月～六個月	□協助坐起時頭可固定（4M） □側躺（4M） □從躺著將寶寶拉起時，頭不會往後仰（5M） □翻身（6M） □坐著用雙手支撐三十秒（6M）	□以後三指和掌心抓握（4M） □伸手抓東西（5M） □雙手各可抓緊物品（5M） □以前三指抓握（6M） □物品在兩手間傳遞（6M）	□色彩感、深度覺發展，可看到較遠物品（4M） □會因高興而尖叫（5M） □注意玩具的因果關係，如：敲／搖會發出聲音（6M）

六個月~九個月	□肚子貼地爬行（7M） □不支撐可坐得很好（8M） □肚子離地爬行（8M） □扶著東西可維持站姿（9M） □可前進後退爬行（9M）	□伸出手指操作小機關（7M） □雙手出現不同動作，如：一手抓一手按（8M） □手像耙子抓東西（8M） □以拇指和食指指側／指節抓起小東西（9M）	□正確轉向聲音來源（7M） □物體恆存概念發展，會玩躲貓貓（8M） □會分辨熟人和陌生（9M）
九個月~十二個月	□扶著東西邊緣會移步（10M） □獨立站十秒（11M） □拉一隻手可走幾步（11M） □單獨走幾步（12M） □蹲姿扶東西站起（12M）	□雙手拿物品互敲、拍手（10M） □以拇指和食指指尖捏起小東西（12M） □更進階雙手動作協調，如：拔開積木（12M）	□對自己名字有反應（10M） □會用手勢表達需求（11M） □有意義的叫爸爸、媽媽（12M）

二、粗大動作

一歲前的孩子每個月都有不同變化，這個月還軟趴趴，下個月竟然可以翻身了；這個月還在地上蠕動，下個月竟然可以離地爬了！可說每分每秒都是驚喜啊！

俗話說「一視二聽三抬頭，四握五抓六翻身，七坐八爬九發牙，十捏周歲獨站穩。」大家有發現絕大部分一歲前的發展都是粗大動作嗎？不管是翻、坐、爬、站，每一個都是成長中重要的里程碑，也難怪這時期的家長手機裡總是塞滿孩子的照片跟影片，那我們來看看這時期的孩子究竟粗大動作的發展會如何吧！

○個月～三個月

★發展表現

這個階段孩子最重要的發展能力就是抬頭，頸部肌肉的發展是這個時期的重點，頸部肌肉的穩定性增加以及動作控制的能力增加讓孩子可以抬起頭來看看世界，有的時候你會驚訝於孩子的頭怎麼會這麼有力氣！另外，上肢的力氣增加也讓孩子嘗試著用自己的能力將小小的身體撐起來。

★訓練方式

家長可以讓孩子趴在自己的大腿上，透過從頭部往屁股方向的撫摸促進孩子抬頭的姿勢，也可以透過一些孩子感興趣的聲光玩具放在孩子的斜上方促進孩子抬頭的動作發展。

★特別注意

這時期的孩子對於疲憊的感覺並沒有太大的區辨能力，常常會因爲發現新動作而感到異常的興奮，但過度的疲勞會讓孩子在上床前哭鬧不止，媽媽們會感到特別頭痛，原因其實就是因爲孩子玩過頭了，所以要特別注意不要讓孩子不小心太累而無法順利睡覺喔！

三個月～六個月

★發展表現

這個階段的孩子頸部動作的穩定性以及力氣都更大了，常常會有出乎意料的動作出現，絕大部分的孩子在這個時期會開始積極探索自己可以做的動作，一旦發現新的動作就會格外的開心，很多父母會對於孩子異常的發笑感到困惑，很多時候其實是孩子爲自己的新技能感到開心喔！三～六個月的孩子重點發展是翻身跟坐姿發展，三個月開始孩子的手可以幫助寶寶支撐起他的重量，所以他會將手移到身體前協助支撐，也可以透過重量轉移技巧的成熟慢慢練習翻身。

★訓練方式

家長可以讓孩子在側躺的姿勢下遊戲，將孩子有興趣的物品放在孩子伸手還差一點的距離並慢慢移動那個物品直到孩子成功翻身，也可讓孩子以坐姿遊戲，將物品放在孩子處手可及處，慢慢拉長孩子坐的時間。

★特別注意

這時期的孩子對什麼事情都充滿興趣，抓到喜歡的東西就不會放手，也因爲才剛剛開始認識自己的手可以做出伸展、抓握的動作所以會很習慣抓身旁的東西，因此，家長要特別注意擺放在孩子周遭的物品不要有危險物品喔！

六個月~九個月

★發展表現

這個階段的孩子通常坐姿穩定性開始變高，準備發展移行能力了，而我們第一個重要的移行能力就是「爬」，爬其實需要非常多的能力組成，軀幹穩定度夠不夠、頭控能力好不好、四肢夠不夠力、撐不撐的起身體，這些條件缺一不可，當孩子擁有爬的能力的時候代表他可以探索的世界更大了，通常也是父母頭痛的開始！七～八個月的孩子可以自己坐著至少十分鐘不需要協助，也開始練習肚子貼地原地旋轉，爬行其實有分兩個階段，肚子貼地爬（毛毛蟲）和肚子離地爬（大家熟悉的爬行方式），毛毛蟲時期的孩子因爲四肢的力氣和協調性不夠、軀幹的穩定性也不夠高，所以常常會肚子貼地原地旋轉，慢慢的孩子會開始把身體撐起來嘗試離地爬行，大約八～九個月爬行的發展就會成熟了，有些孩子爬起來你想追都追不到呢！

★訓練方式

爬行的訓練重點是動作協調性和穩定度，軀幹夠穩定、四肢夠協調才能爬得好，家長在訓練孩子的時候一開始可以先協助扶住孩子的軀幹，讓孩子在四肢不需承受太大的重量下可以感受四肢的協調動作並可以緩慢地向前移動。坐姿的穩定性訓練可以透過讓孩子背靠著枕頭遊戲或者將玩具放在孩子需坐起才能操作的高度，以此促進孩子的動機以及拉長其維持坐姿的時間。

★特別注意

開始移行的孩子最重要的就是要注意安全了，大部分的家在這個時期都會變成泡綿天堂，所有直角家具都會被磨平，家長也要注意孩子一旦開始會爬了就會想要看看自己沒看過的「高的世界」，請注意不要讓孩子爬上高的地方，因爲這時期孩子的*深度覺發展還不夠成熟，無法判別危險的發生，需要大人們用眼睛保護好孩子喔！

九個月~十二個月

★發展表現

這時期的孩子在大動作發展中坐姿以及爬行都已經發展成熟，要開始往站姿發展前進，很多寶寶會開始想要扶著床站起，也會嘗試從坐姿起立，十個月開始孩子至少可以維持十分鐘的站姿，且可以在你拉著手的協助下往前走一小段路，在一歲的時候孩子可以開始扶東西站著彎腰撿物不跌倒，這也代表孩子已經準備好要開始走路了！在上肢動作中孩子丟東西的能力會慢慢增加，有些家長可能會想問，丟東西也是一個很重要的能力嗎？其實丟東西需要很多技能的！快到一歲的孩子上肢的穩定性以及肌肉協調度都到達一定的程度，所以他們可以將物品丟得比以前更高也更遠！

★訓練方式

訓練孩子站姿的時候可以讓孩子扶著物品從坐練到站，也可以跟他們玩原地踏步的遊戲，熟悉腳承重的感覺，丟接球也是一個很好的遊戲，大部分的孩子都非常喜歡跟家長玩這個遊戲！

★特別注意

因爲此時的孩子會很喜歡抓著東西爬起來，所以家長要小心孩子抓握東西的穩定性，有些時候孩子會因爲東西的不穩定而跌倒受傷喔！

○～一歲粗大動作發展重點

1. 促進抬頭
2. 促進翻身
3. 促進坐姿穩定
4. 促進爬行發展
5. 促進站姿發展

讓我們來看看有哪些遊戲可以促進這個階段孩子的發展吧！

1. 促進翻身

遊戲設計原則：

★先從趴到躺的翻身遊戲開始，再進行躺到趴的遊戲

★可以適當的用手協助孩子，孩子頭部還不穩定時記得要小心別讓頭部一直垂在後面

★可以使用孩子有興趣的物品促進參與動機

a. 找找娃娃在哪裡

起始姿勢：仰躺

將娃娃放在孩子的中線正上方，距離孩子快要碰到但碰不到的距離，讓孩子伸手抓娃娃，慢慢把娃娃往旁邊對側帶（假設孩子伸左手，將娃娃往孩子右側帶），一直到孩子翻身過去。

起始姿勢：趴姿

若要促進趴姿翻身就以趴姿起始並從事一樣的遊戲，慢慢的把娃娃帶到中線上方，可以適時的協助骨盆進行旋轉，若無法成功從趴姿轉仰躺，可以嘗試從側躺開始。

b. 趴球球

讓寶寶趴在瑜珈球上，家長可以穩定孩子的骨盆以及下肢，輕輕的左右搖晃，讓寶寶感受不平穩的感覺以及翻身後所看到的世界，也可以前後搖晃鼓勵寶寶將自己的上半身撐起。

2. 促進坐姿穩定

遊戲設計原則：

★分成兩大方向訓練：如何自主坐起、如何維持獨立坐姿時間

★漸進性的增加獨立坐姿的時間

★在孩子頭控還沒成熟的時候可以先讓孩子學著如何出力

a. 我也可以仰臥起坐

起始姿勢：躺姿

讓孩子倒下，大人伸出兩隻食指讓孩子握住，慢慢的讓引導孩子坐起（讓孩子出力，不要用扯的把孩子拉起來），可以看到孩子在出力時手肘會彎曲，一開始可以在寶寶後面墊枕頭，慢慢讓孩子平躺。

b. 坐著看世界

起始姿勢：坐姿

讓孩子在坐姿下遊戲，可以將孩子靠在軟墊的角落，或者使用枕頭協助支撐，並將玩具放在孩子坐姿

下可拿取的前側或旁側，鼓勵孩子在坐姿下進行遊戲。

c. 球球遊戲

讓寶寶以坐姿坐在瑜珈球上，家長穩定骨盆以及下肢，輕輕的左右搖晃，練習讓寶寶單側背肌出力以維持平衡，平常也可以坐在家長的大腿上，家長扶住骨盆練習平衡。

3. 促進爬行發展

遊戲設計原則：

★發展會從貼地爬再進步到離地爬

★若孩子沒有攀爬的喜好而想直接站起，家長不需將孩子押回地面

★多以互動的方式鼓勵孩子進行移行

a. 毛巾雲霄飛車

起始姿勢：趴姿

家長可以讓孩子趴在毛巾上拖著孩子往目標物移動，將寶寶停在目標物前（伸手不可及處），鼓勵孩

子往前爬拿到目標物。

4. 促進站姿發展

遊戲設計原則：

★分成兩大方向訓練：如何自主站起、如何維持獨立站姿時間

★注意這時期的孩子會比較容易跌倒，在練習站姿的過程盡量讓孩子在有支撐性（不能太軟）的墊子上進行

a. 我是小飛機

起始姿勢：家長躺姿孩子趴姿

家長可以躺在地上，讓寶寶趴在你的小腿並握住你的大拇指，你可以將手反抓扣住寶寶的手讓寶寶更有安全感，輕輕的將小腿左右晃動後讓孩子雙腳踩地降落。

b. 我要看更高

起始姿勢：坐姿

家長可以將小凳子放在孩子的眼前（需比孩子坐下的高度還高），將孩子有興趣的東西從孩子的視線慢慢移動到凳子後方（孩子看不到的地方），鼓勵孩子扶著凳子站起來看或撿，家長可以坐在後面協助孩

子站起。

三、精細動作及視動整合

生活中的所有能力都是隨著孩子在探索中不斷練習、累積經驗所習得，小到使用手指拿取食物、使用眼球追視路上的車輛，大到寫字所需的書寫技巧等，而此篇我們將探討〇～一歲孩子的「精細動作及視動整合」發展。

剛出生的孩子視力尚未發展成熟，因此是透過觸碰、聆聽等其他感官來感知這個世界。孩子從媽媽既溫暖又安逸的肚子中跑出來，外界的環境對孩子而言是未知又具有挑戰的，當孩子開始因爲好奇去運用小手去觸碰、抓握時，表示他們的「精細動作」已經開始發展！而以〇～一歲的孩子而言最主要的動作是抓、放、敲打，搭配逐漸發展成熟的視覺，學習如何使用肢體去探索世界，進而發展出雙手使用、*手眼協調、跨中線等其他相關能力。

〇個月～三個月

★發展表現

這個階段你會發現，孩子會握住放在手掌心的東西，當物品或家長的手指放在孩子的手掌心時，孩子會牢牢抓住一陣子、不會輕易放開，此行為稱為「反射性抓握」，並不是自主性的抓握，而是一種反射動作。當孩子抓住物品時開始學習使用手臂揮動使其發出聲音，不僅能訓練手臂肌肉，也能透過感覺回饋學習簡單的因果關係；兩隻眼睛也學習跟著物品的方向移動，逐漸能跨過中線左右追視，練習眼球移動的順暢度及移動的角度，雖然孩子的視力發展尚未完成，但是近距離還是看的到物品的喔！

★訓練方式

針對抓握部分，由於剛出生的孩子只有反射性抓握，因此可以誘發孩子使用手去抓住物品，而對孩子而言最好的物品就是家長的手指，將手指鑽入孩子緊握的手、扳開手指，或是在手掌心裡搔癢等，都是透過感覺回饋練習如何自主鬆手、抓握，而家長的手指不只大小符合孩子的手掌，亦有熟悉的氣味，給予孩子滿滿的安全感。針對手臂肌力的部分，家長可以先拿著搖鈴示範如何晃動，利用聲音吸引孩子的注意、增加動機，再抓著孩子的手一同搖晃搖鈴，透過視覺、觸覺等感覺回饋，學習如何使用揮動手臂，最後，放手讓孩子自己嘗試、練習，累積經驗後就會提升手臂肌力、肌肉控制。

針對眼球移動部分，可以透過孩子喜愛的玩具進行練習。可以先利

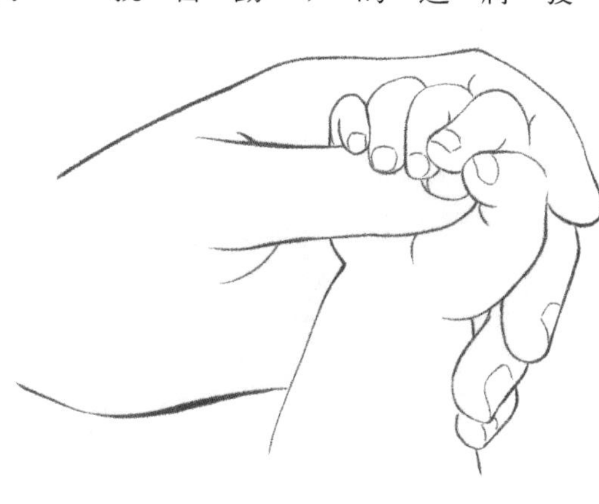

用玩具吸引孩子的注意，在孩子可見的視線範圍內將玩具從左測移動到中間，再從中間移動至右側，以緩慢、流暢的速度移動，可適時的製造一些聲音吸引孩子注意。

★特別注意

孩子尚未具備足夠的肌耐力及肌肉控制能力，因此在選擇搖鈴時，以「重量輕」、「聲音回饋」等重點挑選。另外，此時的抓握方式仍是非自主性抓握的階段，家長能做的是增加不同的感覺輸入，因此若發現孩子無法自己打開手掌時，請不要驚慌，給孩子一些時間慢慢練習。

三個月～六個月

★發展表現

這個階段孩子逐漸能自己控制手掌及手指放開、握緊，此行爲稱爲「自主性抓握」，即孩子是透過自己意識控制手指與手掌一同放開及抓握物品。

在四個月時以「*尺側抓握」及「*掌心抓握」爲主，拿物品時用後三隻手指／掌心包住物品。在六個月時則以「*橈側抓握」爲主，表示孩子會使用前三指包住物品，並且嘗試用手探索自己的身體、觸碰不同的部位，兩手間也慢慢出現傳遞物品、拍打物品等行爲。

尺側抓握

掌心抓握

橈側抓握

★訓練方式

針對抓握的部分，將各種不同材質、大小的物品丟進大桶子中，讓孩子從中拿取或丟放物品，提供大量的觸覺回饋，加上視覺的發展逐漸成熟，因此除了觸覺、本體覺外，也增加視覺的回饋，使雙手控制的準確度提升。針對雙手使用的部分，家長可以先帶著孩子練習，將玩具從一手傳遞至中間，並由另一手接收，等動作模式較熟悉後就適度放手讓孩子自主練習。

★特別注意

孩子的自主性抓握逐漸取代反射性抓握，雖然控制不佳、時常處於緊握狀態，卻可以在此微協助扳開手指下鬆開手、放開物品，因此若孩子的反射性抓握在六個月後還存在，則需要到醫療院所做相關檢查。

六個月~九個月

★發展表現

這個階段孩子手指的抓握能力會增加，開始出現手像「*耙子」一樣抓東西，甚至在九個月時會看見「*側邊抓握」，即以大拇指及食指指側／指節抓起小東西，能依據物品的形狀去調整手指張開的幅度，隨著抓握表現越穩定，抓握的物品也越來越小，進而影響到*手眼協調能力提升，能夠對準杯口放入積木。雙手使用的能力也更爲提升，孩子開始嘗試使用雙手做出相同動作，此時就需要家長在旁引導及鼓勵。

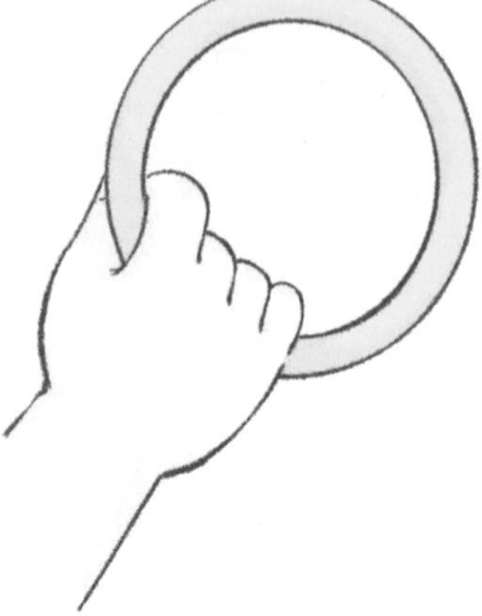

耙子抓握

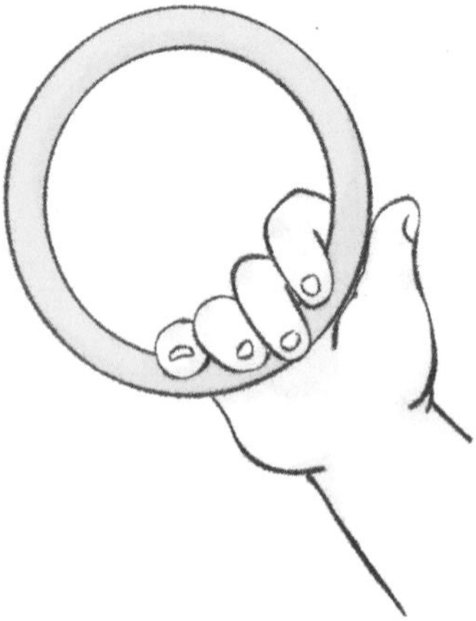

側邊抓握

★訓練方式

針對抓握的部分：提供棒狀物（例如：插棒、積木）、有阻力之物品（例如：魔鬼氈）、小物品（例如：小積木）等物品讓孩子使用，可由家長先行示範，之後讓孩子模仿。針對雙手使用的部分：家長可以帶領孩子進行兩手相同的動作，例如：帶著孩子的雙手一起抓住奶瓶的把手，並適時地釋放一些重量給孩子出力。

★特別注意

此時的孩子正在使用各種方法與環境互動，因此隨著抓握能力進步，孩子可能會用手抓住物品並放到嘴巴裡面，嘗試用其他感官來認知及感受，家長要特別注意孩子放入口中的物品。除了嘴巴，孩子也有可能會往鼻孔塞小東西，家長們要特別小心不要讓孩子在鼻子裡面塞進佩佩豬了喔！

九個月～十二個月

★發展表現

在這個階段，孩子大拇指、食指、中指的抓握能力增加，開始出現「*指尖抓握」，即以大拇指及食指指尖捏起小東西，並且出現拔、壓、捏等手指運用的進階動作，雙手動作協調度也更加順暢。

★訓練方式

針對抓握的部分：選擇較小的玩具或是需使用手指觸碰、按壓的玩具，並由家長帶著孩子練習，增加手指的使用，累積多種手指操作的經驗。

指尖抓握

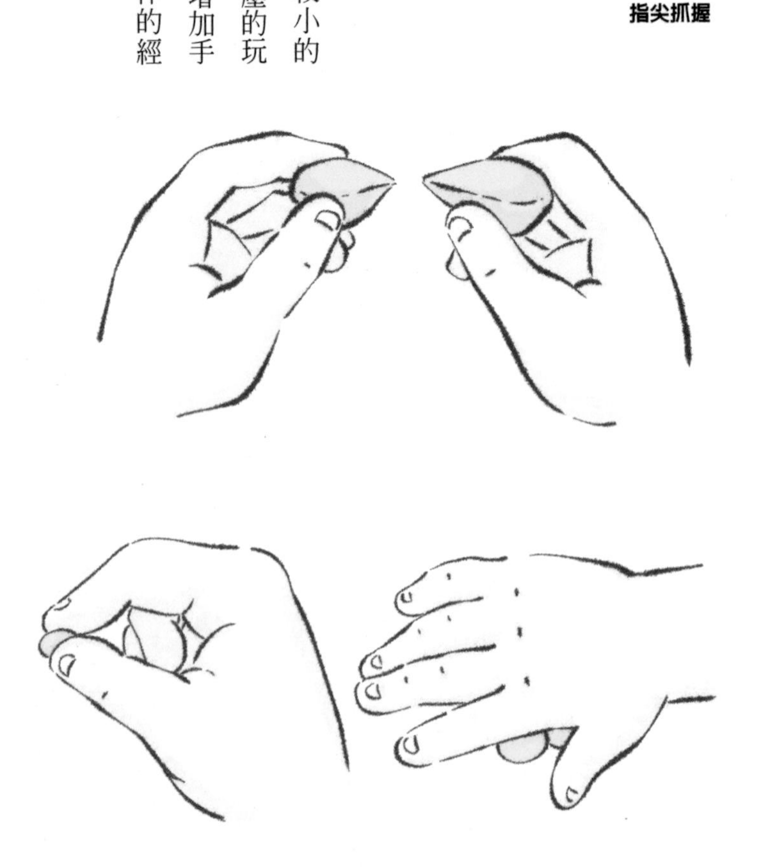

手部動作：拔—捏—壓

★特別注意

隨著孩子的抓握能力提升，所選擇的玩具大小可縮小，但是因孩子尚未具備安全意識，故要注意孩子是否有誤食或是錯誤使用的情況。

○～一歲精細動作及視動整合發展重點

1. 促進抓握能力
2. 促進雙手使用能力
3. 促進手眼協調

讓我們來看看有哪些遊戲可以促進這個階段孩子的發展吧！

1. 促進抓握能力

★利用孩子喜歡的玩具，增加操作的動機

★根據抓握的發展里程碑練習：後三指抓握——>前三指抓握

遊戲設計原則：

a. 東西找找看

引導方式：

將不同大小、材質的玩具放入桶子裡，像是球狀或棒狀、絨毛或塑膠的物品，讓孩子伸手到桶子裡抓握。家長可以搖晃桶子讓玩具相互碰撞發出聲音來誘發孩子的興趣，或是帶著孩子的手伸到桶子裡抓握、觸碰。若遇到害怕觸碰新物品的孩子，可以先讓孩子觀察、觸碰玩具，再帶著孩子的手一起把玩具放入桶子裡，減少恐懼及不安感。

練習關鍵：

透過不同材質的玩具提供多樣的觸覺回饋，不同大小的玩具提供多樣的本體覺回饋，藉由視覺回饋看見自己的手是否抓住玩具，經過多種感覺回饋、累積經驗，最後能夠依據視覺判斷玩具大小及材質來控制手部動作。

b. 小饅頭我來了

引導方式：

家長可以藉由示範或用手帶著孩子的手拿取食物（小饅頭），並引導

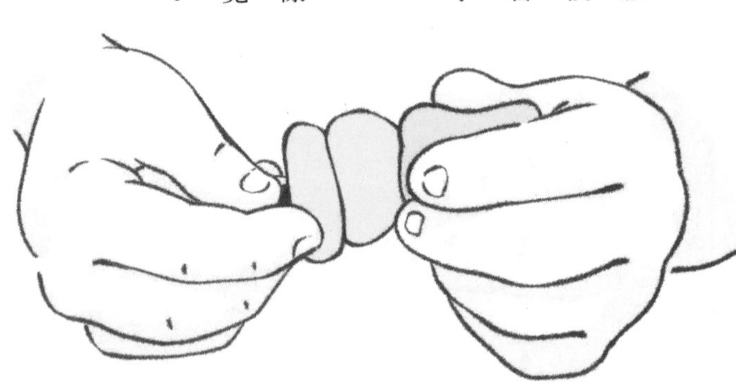

前三指抓握

孩子把小饅頭放到嘴巴裡面。若想練習孩子手部的肌耐力，可以選擇有重量的玩具讓孩子練習。

練習關鍵：

透過不同的玩具大小誘發孩子不同的抓握方式，例如：插棒適合練習*掌心抓握及*尺側抓握或*橈側抓握、小積木適合練習「*耙子」狀的抓握。

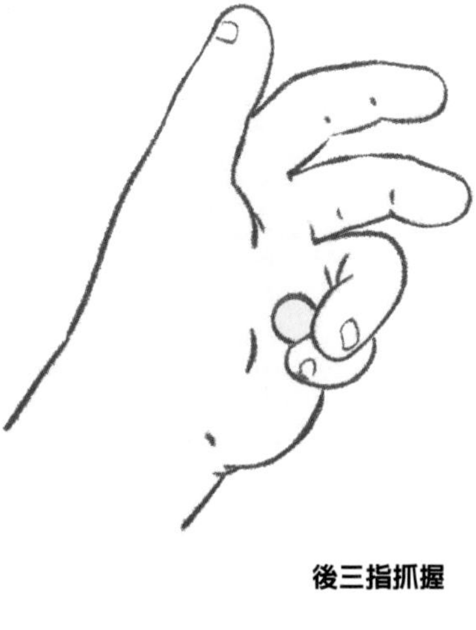

後三指抓握

c. 戳戳樂

引導方式：

家長可以利用拼圖版後面的洞練習，帶著孩子使用不同手指戳洞。抑或是利用有按鍵的玩具，引導孩子用手指按壓按鍵，若孩子的手指肌力不夠，可以調整按鍵的軟硬度。依據孩子的能力調整，不只能練習手指肌力，亦能透過成就感增加孩子的動機。

練習關鍵：

手指的使用依據不同年齡有不同目標，以一歲前的孩子而言，以拔、插、戳、放、拿等動作為主。

2. 促進雙手使用能力

遊戲設計原則：

★雙手做相同動作

★挑選重量輕的物品，依據能力調整重量

a. 搖鈴搖搖搖

引導方式：

家長可以先搖晃搖鈴發出聲音，誘發孩子的動機，再帶著孩子的雙手練習抓住搖鈴的把手，並適當地給予協助，幫忙一起左右晃動搖鈴，當孩子的雙手使用能力增加且能理解簡單的因果關係後就能釋放些微的重量給孩子自己拿取。抑或是引導孩子將手上的玩具傳遞給另一手。

特別注意：

當孩子的手臂力量不足夠時，要注意搖鈴的重量，以免孩子在玩樂時受傷。

b. 敲出新滋味

引導方式：

家長可以帶著孩子的雙手練習，利用敲擊後發出的聲音回饋、視覺回饋、本體覺回饋等，增加動機以及累積經驗，慢慢調整敲擊的動作、方向、力道。在初期練習時可以先降低難度，一手抓住玩具敲擊在桌上的玩具。

特別注意：

若孩子無法雙手做出敲擊動作，可能要探討是否是因爲無法跨越中線，導致無法做出雙手敲擊的動作。

c. 球球大作戰

引導方式：

站在距離孩子五十公分遠，將橡皮球滾向孩子，鼓勵孩子雙手用滾的、推的、丟的方式將球丟回來。家長可以先讓孩子觸碰、拍球，引發孩子的好奇心，再慢慢移開距離，示範滾球、丟球、推球的方式，或是

帶著孩子用雙手將球推入桌子下、丟進桶子裡。

特別注意：

針對孩子練習的橡皮球，需要注意大小、重量、軟硬度。大小部分會影響手部動作，如：大球用推的、小球用丟的；重量部分跟手部肌耐力相關，若是要讓孩子丟球，則不建議過重的球；軟硬度部分則是擔心孩子使用不當或體力不支時容易受傷。

3. 促進手眼協調

遊戲設計原則：

★肢體搭配視覺

★不以成功為目標，以過程為重點

a. 形狀我最會

引導方式：

家長可以抓著孩子的手移動到洞口附近，讓孩子自己對準，將插棒放置在插棒板上對應的洞口中。在練習＊**手眼協調**的同時，亦可搭配簡單的形狀配對。

練習關鍵：

因孩子對於太小的物品抓握控制較不好，故不建議使用過小的玩具，插棒的大小與孩子的手掌相似、重量不會太重，適合孩子練習。剛開始學習時多半都會因爲無法對準而掉出，所以若沒有成功也不要責備孩子，鼓勵孩子勇敢嘗試新的玩法。

四、認知語言能力

剛出生的孩子看似懵懵懂懂、甚麼都不會，但其實這個階段的孩子也是正在用自己的方式去認識、去回應這個世界。〇～一歲的孩子會利用各種感官來探索這個世界，而且雖然還不會說話，卻會用哭、笑的方式來傳達自己的感受，這個階段也是孩子建立社交及語言的重要時期，讓我們一起來看看這個階段有哪些重要的認知語言發展吧！

〇個月～三個月

★發展表現

這個階段的孩子，還沒有發展出穩定的互動能力，但已經開始能區辨生活中常見的人事物及聲音了喔！寶寶開始會觀察人臉，尤其是熟悉的家長的臉！也會認得家長的聲音，甚至發出笑聲回應喔！因此可以在寶寶睡醒的時候開始用一些聲光玩具，或是由家長發出一些聲音跟寶寶互動喔！

★訓練方式

家長可以用有鮮豔顏色或是會發光、發聲的玩具，在孩子面前緩慢的移動，吸引孩子的注意，讓孩子的眼神跟著玩具移動。但這個階段最佳的互動媒介其實就是家長本身！雖然孩子還不大會回應表達，但家長可以多跟孩子說說話、唱唱歌吸引孩子注意，孩子也會很認眞地觀察家長喔！

★特別注意

這個年齡層的孩子視覺發展尚未完全成熟，因此眼睛的動作還不大靈活，對焦距離也還沒掌握得很好，因此家長可以盡量靠近孩子，或是玩具移動的速度不能太快，孩子才能看得清楚眼前的東西。

三個月～六個月

★發展表現

三～六個月的孩子更能辨別熟悉的人臉，且開始能發出笑聲或是更多不同聲音來回應大人了！而且這個階段的孩子比較能長時間觀察其他人的動作，也會嘗試抓取或搖動眼前的東西，逐漸用肢體及聲音跟外界互動。

★訓練方式

家長能帶著孩子拍打或抓取物品，讓寶寶嘗試自己操作玩具，並讓孩子觀察手中抓住的東西，讓孩子透過接觸與操作不同的物品，建立更多動作模式與增加對環境的認識。另外，觀察手中的物品也可以增加孩子觀察的能力。

★特別注意

這個階段的孩子動作還不大穩定，常常會有對不準或是抓不到的情況，這些都是正常的喔！家長可以先讓孩子多嘗試，眞的都碰不到玩具的話，再帶著孩子的手一起操作。

六個月～九個月

★發展表現

相較前面年齡層的孩子，這個階段的孩子又更能區辨熟人與陌生人，遇到熟悉的人會大方地給予笑容回應！也更容易被逗得呵呵笑，因爲孩子的認知更加成熟，較能理解他人的意圖。而且六～九個月的孩子開始能對自己的名字或小名有反應，當家長叫孩子的時候開始會回頭反應。

★訓練方式

六～九個月的孩子對於大人的動作會越來越有興趣，家長可以把握這個階段，用一些幅度大又簡單的動作，帶著孩子一起來動一動喔，也可以配合兒歌或是音樂的旋律來動動手動動腳。

★特別注意

這個年紀的孩子對於動作的觀察模仿還沒有非常穩定，建議由家長直接帶著孩子一起做動作喔！

九個月～十二個月

★發展表現

一歲的孩子對於簡單的生活指令已經可以聽懂了！像是「給」、「BYE BYE」、「來」之類的指令，孩子已經能夠區辨並執行了；另外，孩子對自己的名字反應會更加穩定，家長叫孩子的時候孩子開始會給予肢體或聲音的回應。這個階段的孩子也更喜歡模仿簡單的動作（像是拜拜、擊掌等），家長開始能跟著孩子一起跳舞了喔！

★訓練方式

一歲左右的孩子最喜歡模仿大人的動作了，聽到音樂也開始會跟著手舞足蹈，家長可以多利用音樂兒歌的方式跟孩子互動，增加孩子對聲音的觀察模仿。生活中也可以多一點點動作的小指令，例如：「拿」、「給」等，一邊說指令一邊帶著孩子做，讓孩子逐漸將聲音與動作結合，對聲音和動作的連結逐漸提升。

★特別注意

這個年紀的孩子雖然開始能聽懂指令，但步驟不能太複雜喔！而且還是需要家長帶著孩子一起做，孩子才能真正理解動作的意義。

◯～一歲認知語言能力發展重點

1. 肢體空間概念
2. *眼神追視及眼神接觸
3. 動作、聲音觀察模仿

讓我們來看看有哪些遊戲可以促進這個階段孩子的發展吧！

1. 肢體空間概念

遊戲設計原則：

★將物品放在寶寶可以看到卻需要伸直手腳才能碰到的距離
★先不要打斷孩子探索的機會，讓孩子多嘗試
★可以使用孩子有興趣的物品促進參與動機

a. 拍拍玩具

引導方式：

家長可以先將玩具放在孩子面前，距離大約孩子伸手可以抓到的地方，讓玩具發出聲音或緩慢的移動玩具吸引孩子的注意力，先讓孩子自己嘗試伸手碰玩具，再輕輕帶著孩子的手移動到玩具的位置，幫助孩子理解需要將手伸多遠才能碰到玩具，抓到玩具讓孩子稍微玩一下後，可以再重複嘗試不同的方向及距離。

練習關鍵：

這個時期的孩子還沒有慣用邊的概念，因此左右兩邊都需要輪流練習喔！另外，超過六個月的孩子，家長可以引導孩子將玩具在左右手之間互相交換。

2. *眼神追視及眼神接觸

遊戲設計原則：

★物品移動的速度由慢漸快，且需要靠近孩子，確認孩子有觀察到物品
★過程中可以搭配一些聲光效果或聲音吸引孩子注意
★可以使用孩子有興趣的物品促進參與動機

a. 眼球追追追

引導方式：

孩子玩玩具的過程就是很好的引導時機，寶寶在抓握東西的時候，可以輕輕把寶寶的頭轉到手的方向，讓寶寶在玩玩具的過程中都能隨時觀察自己的手。

練習關鍵：

寶寶在玩玩具的過程中，將頭移動到玩具的方向，也可以慢慢的移動玩具，並帶著孩子的頭一起觀察玩具移動的軌跡。

3. 動作、聲音觀察模仿

遊戲設計原則：

★動作幅度大且速度慢

★搭配聲音節奏或口語引導一起，效果會更好

★動作盡量重複循環，讓孩子可以觀察更仔細

這個年齡層的孩子雖然還不會說話，但對熟悉的聲音會逐漸有明確的反應，家長可以在這個時間讓孩子習慣觀察聲音來源，並帶著孩子一起律動，增加寶寶觀察模仿的效率。

a. 帶動唱

引導方式：

家長播放兒歌，並帶著孩子跟著音樂節奏一起做出不同動作。孩子九個月以上時，可以跟孩子玩扮鬼臉的遊戲，讓寶寶學大人做出不同的表情，再逐漸加入一些聲音，讓孩子跟著發出相似的音。

練習關鍵：

模仿過程中，眼神的追視非常重要！若發現在互動的過程中孩子的眼神常常飄走，可以先嘗試別的聲

音或表情吸引孩子的注意，還是無法順利觀察的話，建議先從前面提到的眼神追視活動開始練習喔！

b. 給我一個五

引導方式：

家長可以兩人一起跟孩子進行遊戲，先由其中一人坐在孩子前方，發出聲音吸引孩子注意並伸出一隻手在孩子面前，由另一個家長先示範一次擊掌的動作，再帶著孩子的手伸直後擊掌，擊掌的當下，家長可以一起發出歡呼的聲音，鼓勵孩子再次嘗試與家長擊掌。孩子熟悉後可以兩個家長各伸出一隻手，讓孩子輪流與家長擊掌。

練習關鍵：

家長給予的回饋非常重要，當孩子順利與其中一人擊掌後，家長可以一起發出聲音或是抱抱孩子，讓孩子覺得模仿大人的動作是一件有趣的事情。另外，眼神的對視與觀察也非常重要，引導過程中需要隨時注意孩子是否有在觀察父母跟自己的手。

CHAPTER 3

第三章：一～三歲「最可愛的小麻煩」

一、簡易檢核表

年齡	粗大動作	精細動作／視動整合	認知／語言	社交情緒
一歲～一．五歲	□維持跪姿 □走得很穩且會轉彎 □能側向／向後走幾步 □由趴姿扶地站起 □可扶欄杆上下樓梯 □會將球丟出	□將物品放入容器或倒出 □一手同時抓取兩個物品 □翻開厚紙板書 □打開或闔上盒蓋 □拿起筆塗鴉 □開始用湯匙進食，但容易掉落 □疊高二～三塊積木	□配對圓形積木板 □會爬上椅子拿高處東西 □隨音樂起舞 □會用容器裝東西 □指出四種動物圖片 □常常將書拿對方向 □知道大部分物品名稱 □至少會用十個單字 □理解簡單指令	□好笑的事情發生時會笑 □做出餵娃娃或動物的動作

一·五歲~二歲

□手心向上拋球
□協助下單腳站立
□獨自上下樓梯
□由蹲姿不扶物站起
□原地跳
□能不靈活地跑

□疊高四~六塊積木
□一頁一頁翻厚紙板書
□模仿摺紙

□可在紙上規定範圍內畫畫
□指出熟悉物體的圖片
□配合聲音和圖片，如：狗—汪汪
□可指認四種動物
□可指認身體的三個部分
□會分類東西，如：顏色、形狀
□至少會用五十個詞彙
□回答一般問話，如：那是什麼？
□理解動詞+名詞的句子，如：「丟球」

□能在照片中認出自己
□會玩簡單的假裝遊戲
□會與玩具、玩伴對話
□知道玩伴的名字
□做簡單家事

二歲～三歲

□能跳下矮凳
□雙腳同時離地跳
□一腳一階獨立上下樓梯
□踮腳尖行走
□單腳站三秒
□會手心朝下丟球
□兩腳皆會踢球
□會騎三輪車
□行走時腳跟到腳尖依序落地
□行走時雙手交替擺動
□較靈活地跑

□疊高八～十塊積木
□建立慣用手
□轉開小罐子的蓋子
□串珠珠
□使用小剪刀（可能用不好）
□跟著大人模仿畫|、〇、—
□使用玩具鎚子釘釘子

□可配對三角形、圓形、正方形三種形狀
□可配對紅黃藍綠四種顏色
□可正確指認顏色
□能正確使用常用器具
□可背誦一到十
□了解一個、兩個的概念
□會完成三～四塊拼圖
□知道「相同」和「不同」意思
□對二～三步驟簡單指示能照次序做
□使用「這個」「那個」等冠詞
□使用「我們」「你們」「他們」

□出現性別概念
□會模仿同性父母的行爲
□能在照片中任出熟悉的人
□會聽故事
□了解課堂上大致規矩
□會告狀
□可與其他孩子玩扮家家酒

二、粗大動作

「啊啊啊！那邊不行！不要過去！」「沒事沒事，拍一拍站起來就好」「你等我一下，不要再跑了！」若家中有一～三歲的孩子，一定每天都在上演追趕跑跳碰的情節，面對這些可愛的小生物，家長們都得化身預言大師，猜測孩子的下一步到底要做什麼。

一～三歲孩子基礎的粗大動作發展漸趨成熟，開始學習比較厲害的移動能力「走、跑、跳」，這也是很多家長最頭痛的時期，畢竟之前孩子只會在原地哭，但現在會一邊哭一邊給你追啊！常見的煩惱除了孩子的安全之外，還有更多成長上的擔憂，現在還站不穩是正常的嗎？現在不會下樓梯怎麼辦？怎麼現在跑步跑一跑還會跌倒？先別緊張，孩子的表現受到很多不同的因素影響，讓我們來看看這時期的孩子粗大動作會有什麼表現，我們又該怎麼訓練吧！

一歲～一．五歲

★發展表現

這個時期孩子最重要的發展能力就是「站立」，全身肌肉發展的成熟以及穩定讓孩子可以維持站立，在站姿下做各種姿勢變換且不會跌倒是這階段的孩子必備的能力，可以蹲下撿物品不會跌倒、彎腰往前拿玩具也不會搖搖晃晃。

因爲可以好好地站了，孩子會想運用已經發展的能力盡情探索未知的世界，嘗試開始往前邁步，但卻也因爲還沒辦法穩定的自己行走，可能會常常跌倒，另外，家裡有樓梯的家長可能會發現孩子慢慢學會倒退下樓梯或者是扶著扶手上下樓梯喔！

★訓練方式

訓練可以著重在姿勢轉換、平衡能力的加強，這些都是穩定向前跨步的必備條件喔！孩子在這個階段同時伴隨抓握以及球類操作技巧發展，因此可以開始嘗試簡單的丟擲遊戲，也可以在遊戲情境中鼓勵孩子拿取比自己高一點點東西，練習轉移身體重心。

★特別注意

孩子剛開始練習站立、跨步、行走，家長可以在家裡多準備一些軟墊，特別是家具的邊角必須加強防護，除此之外也要小心孩子可能會喜歡往高處攀爬。

★發展表現

一歲半的孩子在移行發展上更加穩定了，平面走路不一定需要大人的協助，可以自己爬上椅子，也可以在大人扶助下單腳站立，接近二歲的孩子已經走得很穩且可以在站立的姿勢下踢大球，走樓梯能只用單手扶甚至不扶扶手獨立完成，有些孩子還會調皮地跳下最後一階樓梯。

孩子開始出現跑步、跳躍等動作，但都還不穩定，有時候會因爲急著追趕什麼而跌倒。除此之外，這時期的孩子已經可以把東西丟得很遠了，玩具們可能會開始搞失蹤呢！

★訓練方式

孩子開始有基礎的平衡以及走路能力之後遊戲的方式就變得更豐富了，訓練重點可以放在動作的穩定性，讓孩子在已有能力的基礎上發展更多的動作，例如可以跟孩子玩踢球的遊戲，讓孩子練習短時間的單腳站立，先從大的球開始，並改變球的方向以及速度，讓孩子需要移動一點點位置才能把球踢回去。

★特別注意

這時期的孩子很喜歡走樓梯，因爲已經不需要大人扶助就可以獨立行走了，這時候要特別留意孩子練習走樓梯的失敗經驗，很多孩子會因為曾在樓梯上跌倒而開始恐懼爬樓梯，因為孩子的*深度覺還沒有發展得很成熟，有時候會沒辦法掌控樓梯上要跨步的距離而容易跌倒，因此孩子在爬樓梯的時候大人盡量都要在旁邊看著喔！

二歲～三歲

★發展表現

這個階段的孩子通常平衡能力越來越好，不僅可以往前走還能倒退走，單腳站也不需要大人的協助，上下樓梯已經可以一腳一階，跑步也越來越穩定，跌倒的次數越來越少了。

★訓練方式

跑步以及跳躍主要挑戰動作的協調性，很多孩子肌肉的發展已經成熟，力氣也夠了，但跑步總是會跌倒，跳也跳不

遠，多半是因爲協調性還不夠好，所以這階段孩子的訓練方式可以將遊戲視覺化，讓孩子在跳躍的時候明確看到要往哪裡跳、要跳多高。這時期的孩子特別喜歡有一點目標性的遊戲，因此可以在遊戲中加入孩子喜歡的元素，像是跳跳到佩佩豬的家，或者跑跑跟波力一起救援，讓訓練變得更有趣，孩子的動機會更好喔！

★特別注意

這時期的孩子很喜歡跑來跑去，要注意不要讓孩子撞到尖銳物品，除了安全之外這時期的孩子也常常因爲貪玩而忘記喝水或累過頭，要記得適時補充水分和休息喔！

一～二歲粗大動作發展重點

1. 促進站姿穩定性
2. 促進跳躍能力
3. 促進平衡以及協調能力

讓我們來看看有哪些遊戲可以促進這個階段孩子的發展吧！

1. 促進站姿穩定性

遊戲設計原則：

★在站姿下可進行不同動作而不會跌倒
★活動建議確認孩子可以執行之後再加深難度
★可以使用孩子有興趣的物品促進參與動機

a. 誰是高高人！

起始姿勢：坐姿

讓孩子從坐姿開始將大的積木塊慢慢往上疊（也可用巧拼折成盒子），年紀小的孩子盡量使用不需太多抓握能力的積木，隨著積木慢慢往上疊，鼓勵孩子疊到與他身高差不多的高度再往上疊一層，讓孩子需要在站直的姿勢下往上延伸，也鼓勵孩子彎腰拿取積木往上放。

孩子在遊戲的過程家長可以坐在孩子的後方，將手環繞住孩子，放在孩子前方，讓孩子可以扶著你的手彎腰取物以及站起，遊戲重點是要讓孩子可以把重心往前移以及在站姿下還可以往上伸展。

2. 促進跳躍能力

遊戲設計原則：

★將目標物視覺化呈現

★有短的距離以及長的距離

★確認孩子理解遊戲規則再行開始

a. 我是細菌殺手

起始姿勢：站姿

在地上用紙膠帶貼上一條一條的格線，當作不同的城堡，家長吹泡泡吸引孩子往上跳觸摸泡泡，並告訴孩子他們

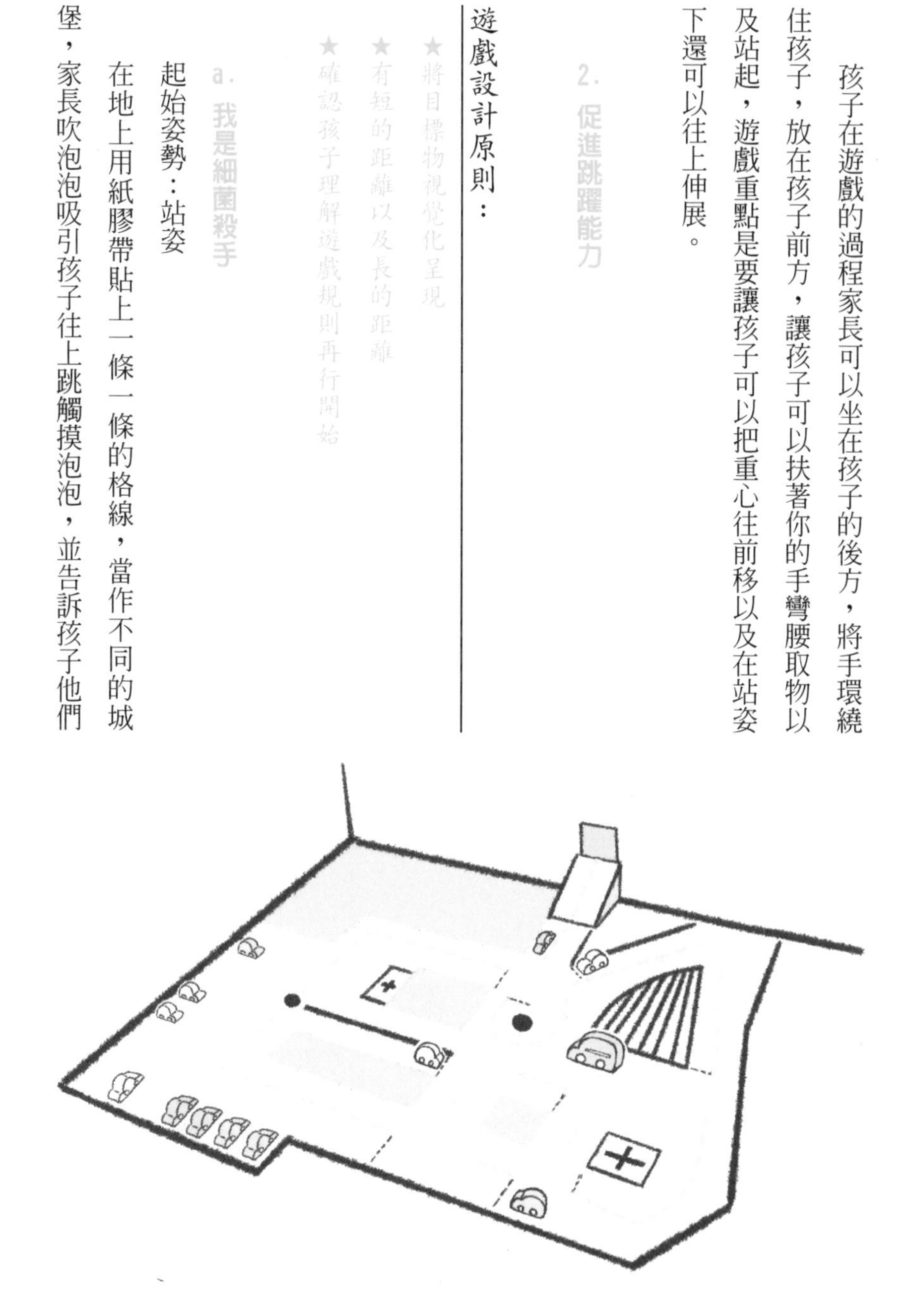

是小勇士要保護城堡不要讓泡泡細菌掉到城堡裡面，也可以將泡泡改成氣球，但氣球落下的速度較快所以建議大一點的孩子使用。

3. 促進平衡以及協調能力

遊戲設計原則：

★讓孩子了解動作執行的順序

★將動作口語化表達

★多以互動的方式鼓勵孩子進行移行

a. 保齡球大師

起始姿勢：站姿

在孩子前方放置多個積木以及玩偶，並規定孩子站在距離該玩具約一公尺左右的距離，讓孩子用單腳踢的或投擲的方式將所有積木以及玩偶打倒。

三、精細動作及視動整合

隨著孩子能力越來越進步，可以接觸到的事物變多，好奇心也逐漸上升，驅使孩子利用身體的各種可能性來完成活動，例如：開始學習自己吃飯、自己玩玩具，漸漸發展出自主的意識及行動力，在這個階段孩子進步飛速，家長能觀察到孩子巨大的變化，當然，也因爲剛習得這些技能，需要較多的練習及修正。

孩子探索環境過程同時也觀察大人的各種動作，即便還無法完全模仿，但已經引起孩子的注意力，想要自己操作各種物品！此時孩子的精細動作逐漸多元化，透過與環境互動產生不同的感覺回饋，增加不同的動作來完成目標，發展出不同的抓握方式，在*手眼協調方面也更加有技巧，進而提升動作控制、拓展認知能力。

一歲～一．五歲

★發展表現

隨著孩子的*側邊抓握跟*指尖抓握能力逐漸成熟，加上「*掌內操作」的能力開始發展（例如：將手中的東西由手指移到掌心，空出手指以便再拿另一個東西的能力），可以拿取的物品就會越來越小，能依據玩具的大小來調整手指的抓握幅度，也因此手部的控制能力增加。在*手眼協調方面，開始能藉由眼睛確認物品在空間的位置，將手逐漸靠近物品直到碰觸爲止，例如：當孩子想要拿取桌子上方的玩具，首先會透過眼睛判斷自己與玩具間的距離、手掌需要張開的程度、選擇最適當的抓握方式等，透過視覺回饋、本體覺回饋慢慢調整手部移動軌跡，經驗累積後便能增加精準度。雙手協調方面，此時能夠看見孩子已不再侷限於雙手做出相同動作的動作型態，開始嘗試雙手分別做不同動作，例如：一手抓著箱子外圍穩定、一手伸手拿裡面的玩具。

★訓練方式

針對抓握部分，家長可以讓孩子多拿取小物品，增加使用「前三指」的經驗，例如：投錢幣、小積木，此外孩子可能開始模仿大人進食，也可以將抓握練習融合在日常生活中，選擇小饅頭、葡萄乾等小食物讓孩子練習拿、抓。針對雙手使用部分，家長可以準備形狀箱、組合板等操作類型的玩具，先示範一次讓孩子觀察，再帶著孩子的雙手實際操作，最後放手由孩子自己完成。

★特別注意

家長需要依據孩子的狀況調整引導方式，若孩子已了解動作使用的方法，可以放手讓孩子自己練習；若孩子仍不太熟悉動作技巧，則需要適度的給予協助，別讓孩子失去興趣跟動機喔！

★發展表現

這個階段孩子已經不再只是敲敲打打，而是開始用雙手操作工具試圖拓展更多玩法，例如：孩子開始學習大人自己吃飯，只是因爲手指的控制能力尚未成熟、上肢的穩定度不足，剛開始使用湯匙進食總是掉的比吃的多，但是經過大量練習後，孩子能慢慢學會自己完成！除了湯匙之外，孩子也開始嘗試拿筆塗鴉，家長可以在地板鋪上大張圖畫紙，給予孩子盡情揮灑的空間！

★訓練方式

針對工具操作部分，家長可以讓孩子嘗試使用湯匙進食，或是利用扮家家酒的時間用湯匙舀玩具，也可以讓孩子拿筆隨意塗鴉，增加手臂的使用及控制能力。針對*手眼協調部分，家長可以帶孩子把物品疊在一起，從中練習判斷物品的高度、物品與身體的距離、手臂的出力程度、手臂移動的距離等，隨孩子的準確度提升，可改用更小的物品練習。

★特別注意

剛開始練習使用湯匙的孩子，因爲前臂及手腕的力量不足，可能會以大拇指朝下的方式抓握，將手腕卡住來穩定手腕的位置，且過程中因爲控制能力還不夠經常把食物弄掉，記得不要去糾正孩子的動作或是責備孩子的表現喔！讓孩子自己摸索，他們會有意想不到的工具使用方式，也或許他們可以使用不同的工具完成一樣的任務，孩子的想法總是會讓人驚喜連連呢！

二歲～三歲

★發展表現

這個階段孩子的手指分化逐漸形成，相較於之前用前三指抓握、五隻手指一起抓握等方式，現在孩子能每隻手指分開來使用，更能靈活控制手指，加上雙手協調能力增加，孩子能自己做的事情更多了！例如：串珠、轉瓶蓋、轉動鑰匙等，孩子在不斷嘗試的過程中累積經驗，最後習得這些技能。此時因爲雙手操作的任務形式變得多元，開始出現一手穩定一手操作的模式，例如：一手拿珠珠穩定、一手拿線往珠珠的洞穿入，家長可以觀察孩子慣用手慢慢建立的過程。

★訓練方式

針對手指分化部分，家長可以帶孩子多練習手指的不同動作，包含將手指上的物品推到手心、將手心上的物品移到手指等*掌內操作，學習將手指與手掌的動作分開使用，藉由各種操作經驗建立手指分化，讓每個手指都有明確負責的動作。針對雙手使用部分，日常生活可以爲孩子創造許多練習的機會，例如：自己拿湯匙吃飯（需要一手拿湯匙、一手扶碗）、自己脫鞋子（需要兩手一起將鞋子脫掉），家長可以多讓孩子嘗試自己做，在旁給予引導或協助來取代直接幫孩子完成，孩子會越來越棒喔！

★特別注意

當孩子在操作物品時可以觀察孩子較常使用哪隻手，慢慢推敲孩子的慣用手，通常慣用手的形成約在二~三歲，只是每個孩子的發展不盡相同，若還沒出現慣用手不需要擔心，然而三歲半後仍未發展慣用側時，可能需要尋求專業人員協助。

一~三歲精細動作及視動整合發展重點

1. 促進掌內操作能力及手指分化表現
2. 促進雙手使用及協調能力

3. 促進手眼協調能力

讓我們來看看有哪些遊戲可以促進這個階段孩子的發展吧！

遊戲設計原則：

1. 促進掌內操作能力及手指分化表現

★玩具大小以「比掌心小」為主

★給予視覺化的目標

★誘發孩子的動機

a. 創意黏土

引導方式：

家長可以帶著孩子的雙手先操作一次，或是示範動作讓孩子觀察，鼓勵孩子自己完成，例如：將黏土用搓及拉的方式變成長條狀做成眼睛跟嘴巴、用揉的方式變成球狀做成眼睛跟臉、用戳的方式在黏土戳一個洞變成鼻子，最後組合成一個臉。

練習關鍵：

挑選黏土時需要評估孩子手指的肌耐力是否足夠，若剛開始練習或手指肌力不足的孩子，在黏土的軟硬度上則需要挑選較軟、延展性較好的黏土。善用黏土的可塑性，變成各種動物或物品吸引孩子的興趣。

b. 小豬吃錢幣

引導方式：

家長可以搖晃桶子讓桶子內的錢幣碰撞發出聲音來誘發孩子的興趣，將錢幣放入孩子的手心，請孩子把錢幣投入桶子中。為了避免孩子使用雙手協助或是放在桌上調整，可以在孩子的雙手手心皆放一枚錢幣，引導孩子使用手指推錢幣，增加掌內肌的練習。

練習關鍵：

利用調整錢幣的位置及數量來調整難易度，位置離手心越遠、離手指越近則越容易，數量越少越容易。當孩子剛開始練習、尚未掌握技巧時，可以將一枚錢幣放在手心與手指的交接處，反之，當孩

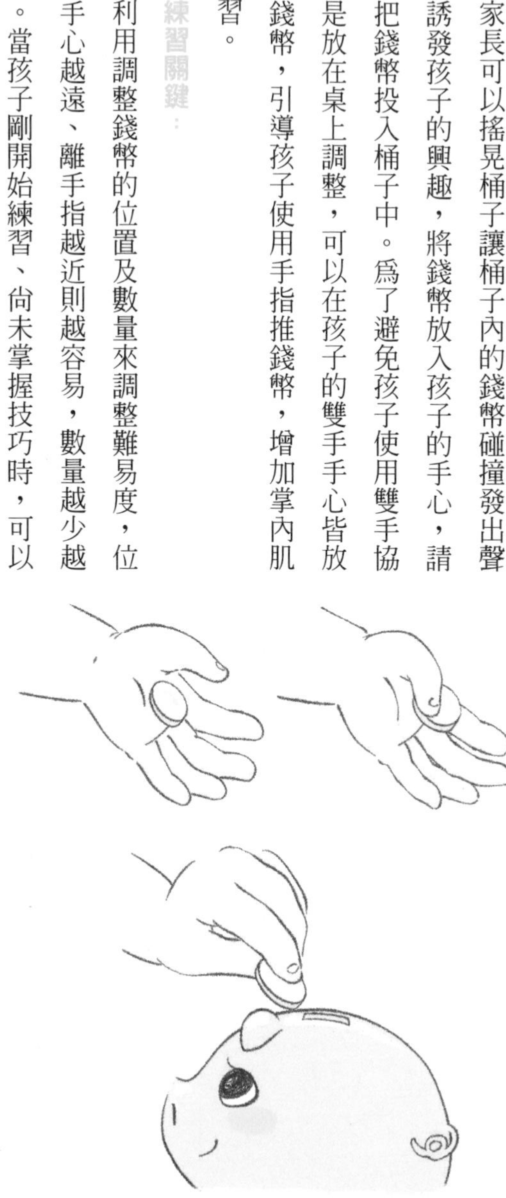

子已習得技巧時，則可以將兩枚錢幣放在手心的位置。

2. 促進雙手使用及協調能力

遊戲設計原則：

★雙手需要一起參與（相同或不同動作都可以）

★給予視覺化的目標物

a. 湯匙挖挖挖

引導方式：

剛開始練習時家長可以先幫忙穩定容器，並引導孩子一手用湯匙挖、一手拿容器，將小物品挖到容器中，小物品的選擇可以是小積木、小饅頭、葡萄乾等。當孩子的控制能力提升，便能放手讓孩子一手穩定容器、一手拿湯匙操作，且小物品的重量可以慢慢增加，練習孩子的肌肉力量喔！

練習關鍵：

容器的洞口大小跟高度需要依照孩子的能力做調整，洞口大小越大、高度越低的容器越容易達成，洞口越小則考驗孩子的*手眼協調能力及雙手協調能力、高度越高則考驗孩子的上肢穩定度。

b. 我是珠寶大師

引導方式：

家長可以把珠珠放在桌上，先練習將線串過洞口，等孩子的成就感及動機提升，再讓孩子一手拿珠珠自己穩定，另一手再把線串入。亦可透過示範或手把手引導，讓孩子更熟悉動作技巧。

練習關鍵：

線的軟硬度及洞口大小需要依照孩子的能力調整，線越硬（甚至是棒子）、洞口越大越容易完成，線越軟則考驗孩子的掌內肌功能、洞口越小則考驗孩子的*手眼協調能力及雙手協調能力。

c. 一起晒衣服

引導方式：

家長可以先帶孩子熟悉夾子的操作及因果關係（壓代表夾子打開、放代表夾子夾住），再引導孩子一手拿紙板（上面可以畫娃娃的衣服）、一手拿夾子（晒衣夾），在夾子打開時放在紙板的邊緣上，並放鬆讓夾子夾住。使用夾子的動作依據孩子的手指分化能力而有所不同，若孩子尚未習得使用手指的能力，那就會使用手掌的肌肉力量按壓夾子，反之，則會使用手指的肌肉力量按壓。另外，可以透過夾上孩子感興趣的東西，例如：卡通圖照片、全家福、娃娃等，增加孩子的動機。

練習關鍵：

可依據孩子的能力挑選夾子的種類、紙板的厚度，當夾子的阻力越小、紙板的厚度越薄，較容易達成，反之則需要較強的能力。

3. 促進手眼協調

遊戲設計原則：

★上肢動作搭配視覺是要領

★物品大小、距離遠近是難易度關鍵

a. 創意貼紙畫

引導方式：

利用貼紙形狀及圖案大小讓孩子練習將貼紙貼在圖案裡面，盡量不超出圖案。剛開始練習時先示範貼在範圍內，確認孩子是否理解範圍的概念，再選擇大的貼紙貼在大的圖案上，以增加孩子成就感，待練習幾次後再縮小貼紙、圖案大小，提升難度。

練習關鍵：

若遇到孩子不會將貼紙貼在紙張上，則可能原因爲*側邊抓握或大拇指的參與不夠，此時家長可以握住孩子的手，協助孩子的手指做動作把貼紙貼在紙張上。

b. 我是建築工人

引導方式：

家長可以先示範一次如何疊高積木，之後再讓孩子一起參與，疊高過程中需要注意孩子是否能準確地放置在積木上方，若發現孩子的*手眼協調能力較不佳，可以先從接觸面積較大的積木開始練習，等能力提升後再縮小積木的接觸面積。亦可利用合作或比賽的方式增加趣味性。

練習關鍵：

因積木都有重量，當積木跌落時須注意孩子的安全。另外，若孩子一直無法獨自完成疊高積木時，需要適時的給予協助，避免孩子失去自信心及興趣喔！

四、認知語言能力

一～三歲的孩子正是牙牙學語的時期，似懂非懂的童言童語加上可愛的娃娃音，想必讓家長們印象深刻！其實這不僅是孩子們語言啓蒙的時期，也是各種認知功能快速發展的黃金時期！就讓我們一起來看看寶貝們這個時間應該要學會什麼技能吧！

一歲～一．五歲

★發展表現

這個階段的孩子已經開始能聽懂簡單的指令了！而且也開始能用簡單的詞彙說出看到或想要的東西，也更喜歡模仿家長說的話，開始能跟家長雞同鴨講的對話了！

★訓練方式

家長可以一邊協助孩子一邊說出你正在做的事，例如：「媽媽正在用毛巾幫你擦手」，讓孩子漸漸將動作或物品跟對應的語詞連結在一起，也可以和孩子每日進行親子共讀，過程中讓孩子來翻頁，輪流形容圖片中的圖案，並幫助孩子補充他們描述的句子。

★特別注意

這個年齡層的孩子還不會說出完整的句子，而且說話的時候常常需要比較多時間回想要敘述的東西名稱，家長可以先給孩子一點時間思考，孩子說出來後再說一次完整的名詞或句子。

一・五歲～二歲

★發展表現

這個階段的孩子，對於口語指令已經更加穩定，而且開始能用二～三個詞彙組成小片語了！因此孩子們更能表達自己的需求跟情緒，除了用指的之外，也會用簡單的詞彙表達自己的想法，聽到家長說的話也更會模仿！除此之外，這個年齡層的孩子開始會對娃娃或玩具演練日常生活中常做的事情，也會用玩具玩一些假扮的遊戲。

★訓練方式

家長可以鼓勵孩子獨立執行日常生活活動，像是自己脫襪子、拿餐具、坐到椅子上，透過與孩子互動的方式增加孩子生活自理的動機，也在過程中增加語言的表達，讓孩子將語言與動作進行連結（像是：坐坐、脫脫、拿拿等）。

★特別注意

這個階段的孩子對太多步驟的活動還不是很能理解，且專注的時間不長，所以可能會做事情做到一半就跑走去玩自己的了，家長可以讓孩子休息一下之後，再帶著孩子重複一次動作。

二歲～三歲

★發展表現

這個年紀的孩子，認知及語言都已經成長許多，除了在熟悉的環境中已經能用簡單的片語跟句子表達之外，面對較陌生的親友，也可以順暢表達自己的需求，而且對自己的名字、朋友的名字甚至是家人的名字都開始能記得。孩子玩玩具的方式也更加多元，除了之前的敲打、堆疊外，對玩具上的各種機關按鈕的功能也都能輕鬆掌握。

★訓練方式

二～三歲的孩子開始能記得二～三步驟的活動，這個時期的孩子可以透過三步驟的活動來漸進式增加孩子專注及訊息處理的能力，例如：「到房間穿上你的衣服及褲子」。另外，也可以透過閱讀圖案書的方式，加強孩子語言及視覺之間的連結，更能鼓勵孩子對熟悉的情境加以描述，例如：顏色、在哪裡會看到等。

★特別注意

這個年紀的孩子雖然可以說出短短的句子，但有時會斷斷續續的！家長可以在聽完之後幫孩子把句子加長或說得更完整，再帶著孩子重新念一次。

一～三歲認知語言能力發展重點

1. 指認及命名物品
2. 配對顏色及形狀
3. 聽懂並執行二～三步驟的活動

讓我們來看看有哪些遊戲可以促進這個階段孩子的發展吧！

1. 指認及命名物品

遊戲設計原則：

★搭配實際的物品（可以用圖案，有實際物品更好）

★找到或指到物品之後，家長先念一次物品名稱，再鼓勵孩子仿說

★可以使用孩子有興趣的物品促進參與動機

a. 找找玩具

引導方式：

家長可以準備二～三個玩具，先放在孩子面前，並一一說出玩具的名稱，例如：車車、娃娃，再將玩具藏在房間的角落，帶著孩子一起找出所有玩具，每找到一個玩具就再重複說一次玩具的名稱，鼓勵孩子跟著一起念。

練習關鍵：

這個時期的孩子有時對新的詞彙仿說的頻率不大一定，家長念一次名字後，可以先稍等二～三秒，若

孩子還沒有反應，家長可以再念其中一個字，讓孩子接著說下一個字，如果嘗試二、三次孩子仍沒有反應，或是發出的聲音沒有很標準也沒有關係，可以先帶著孩子進行找找的活動，再持續嘗試讓孩子念看看，不一定要逼迫孩子說出才進行下個步驟。

b. 玩具對對碰

引導方式：

家長準備圖案書及對應的實際物品，例如：玩具車的圖片及實體的玩具車。請家長將實際的物品放在房間的另一端，帶著孩子跑過去拿玩具後回來與圖片配對，並在配對時由家長先念一次物品的名稱，再鼓勵孩子跟著一起念。

練習關鍵：

物品盡量挑選差異性大的東西，讓孩子可以一眼就認出是什麼東西，也可以用孩子平常比較喜歡玩的玩具，提升孩子學習的動機。

2. 配對顏色及形狀

遊戲設計原則：

★使用對比明顯的顏色

★先從對比度較大的顏色開始練習，例如：紅色、綠色

★可以使用孩子有興趣的物品促進動機

a. 物品顏色配對

引導方式：

請家長準備紅色、藍色及綠色的玩具或積木若干個，並準備三個小容器，帶著孩子將相同顏色的物品放在同一個容器中。家長可以先在容器中各放一種顏色的東西，讓孩子拿到玩具後進行配對。配對過程中一邊跟孩子說顏色的名稱，並將顏色連結到物品，例如：這是一個紅色的球球。

練習關鍵：

剛開始分類時孩子可能需要較多協助，家長可以先牽著孩子的手一起將玩具分類，或是減少顏色的種類，分類時須注意讓孩子確實觀察到物品再擺放。

b. 形狀找找看

引導方式：

請家長在色紙或厚紙板上剪出圓形跟三角形，或用現成的形狀配對玩具挑出圓形跟三角形。引導孩子將剪下的形狀放進對應形狀的洞口，過程中可以先帶著孩子摸摸圓形跟三角形的形狀差異（例如：三角形有尖尖的地方），再帶著孩子嘗試將形狀放回洞中。

練習關鍵：

擺放過程中家長可以一邊放一邊跟孩子說生活中有什麼常見的這個形狀的東西，例如：圓形跟球球很像、三角形跟溜滑梯很像。

3. 聽懂並執行二～三步驟的活動

遊戲設計原則：

★先帶著孩子說出步驟順序

★操作過程中一邊說明這個動作的名稱

★步驟可以反覆循環，加深孩子的記憶

a. 障礙賽丟球球

引導方式：

請家長在地上鋪三~四塊巧拼（或放三~四張色紙），並且準備若干顆球球或小玩具及一個空的容器。將容器放在房間對面，並用巧拼鋪成一直線連到容器的位置，牽著孩子的手一次拿一顆球，走在巧拼上到對面把球放進容器中，再走回原點拿下一顆球重複進行活動。活動中除了家長牽著孩子的手進行之外，請一邊說出現在的步驟，例如：往前走走、丟球球、回來。

練習關鍵：

步驟順序的記憶對這個年紀的孩子會有一點點挑戰，家長可以全程帶著孩子做活動，並一邊做一邊說出步驟的順序，且重複進行活動，讓孩子漸漸理解步驟的前後順序。

五、社交情緒能力

一～三歲的孩子已開始懂得分辨熟人與陌生人，剛開始在與主要照顧者分開時，會出現分離焦慮，需要家長時刻都在身邊，但漸漸的可以開始在沒有家長陪同的情況下與同儕開心玩耍。與此同時，自我意識也正逐漸在萌芽，孩子會在自由探索的過程中，慢慢變成一個對什麼事情都有自己想法的小淘氣。

一歲～一．五歲

★發展表現

這個時期的孩子可以用黏人精來形容，無論做什麼事情，都需要家長在旁邊陪同，中途去上個洗手間都可能透過響亮的哭聲來表達對你的依賴，因此安全感對孩子而言是很重要的！

★訓練方式

可以先讓孩子在熟悉的環境或家長陪同的情況下嘗試新的事物，像是在家門口遊玩，接著可以進階去附近公園看其他孩子遊戲，再鼓勵孩子加入，先從單一地點開始讓孩子探索環境，家長在旁引導，循序漸進使孩子適應更多不同情境。

★特別注意

無論去哪都先告知孩子即將要做的事情，讓孩子在面對改變前較有心理準備。即使孩子與家長分離時會哭鬧，離開前也應該告訴孩子「媽媽去廁所一下下，等一下就回來了。」千萬不要趁孩子不注意時沒有告知就離開，容易讓孩子更沒有安全感。

一．五歲～二歲

★發展表現

可以發現這時期的孩子很喜歡模仿身邊照顧者在做的事情、使用的東西，也開始會玩簡單的*假扮遊戲，開始和玩具咿咿呀呀的說話。

★訓練方式

家長可帶領著孩子多增加人際互動的經驗，到附近公共場所與同齡孩子接觸（像是親子館），讓孩子可以學習同年齡的遊戲方式，促進*平行遊戲的發展，可以讓孩子先觀察其他孩子遊戲的方式，並用口語描述其他孩子玩的遊戲（像是：你看！哥哥玩的那個車車好好玩，你要不要也拿一臺來玩）。

★特別注意

孩子害羞或怯步都是正常的情況，家長別給孩子過多的壓力，可先示範讓孩子知道怎麼做，多幾次的經驗後孩子便會將這些社交技能內化。這時期的孩子模仿能力特別強，家長也需注意平時的行爲，平時的身教都會變成孩子學習的養分。

二歲～三歲

★發展表現

孩子開始會說話，同時情緒也像坐雲霄飛車一樣，上一秒開懷大笑，下一秒嚎啕大哭，這是因爲口語的表達還不是這麼熟練，孩子很多想表達的話、想說的事情無法用他們所知道的詞彙組織出來，因此而有了諸多情緒。

★訓練方式

當孩子無法正確表達而有情緒時，這時候家長請當孩子們的翻譯機，協助孩子把想說的話組織好說出來，例如：「想吃餅乾嗎？」、「你很難過嗎？」同時也可將孩子的情緒用口語的方式描述出來，讓孩子理解他現在經歷的情緒是什麼，例如：媽媽知道你很難過，因爲餅乾沒有了。

★特別注意

孩子的理解能力還不是太好，所以家長與孩子對話的語句應簡潔。理解孩子情緒後，教導孩子下次再面對這種處境時，更適合的應對方式，例如用口語的方式表達自己的情緒：我生氣、我難過……。

一～二歲社交情緒能力發展重點

1. 減緩分離焦慮
2. 學習模仿他人的動作
3. 促進與同儕一起遊戲

讓我們來看看有哪些遊戲可以促進這個階段孩子的發展吧！

1. 減緩分離焦慮

遊戲設計原則：

★給予足夠的安全感
★多與孩子肢體接觸（例如：擁抱）
★事先預告孩子接下來要做的事情

a. 爸爸／媽媽等一下就回來 爸爸／媽媽在這裡

引導方式：

平時孩子在家玩時，偶爾與孩子在同一空間但有些微距離的地方，提前告知孩子「爸爸／媽媽在這裡陪你玩」，讓孩子理解「雖然我在這裡玩，但爸爸媽媽也在這裡，只是距離比較遠一點，不要擔心」，有足夠的安全感。習慣後，再慢慢增加與孩子的距離，像是在不同房間活動，但用聲音讓孩子知道爸爸媽媽也在房子內，雖然看不到，但是不要擔心。若家裡有不只一位大人，可以練習「暫時與主要照顧者分開」的情境。請另一位大人暫時陪伴孩子，告知孩子等一下就回來，讓孩子能夠熟悉主要照顧者暫時不在身邊的情況，但務必依約定回來孩子身邊，孩子會較有安全感。

練習關鍵：

「告知」孩子要暫時離開是非常重要的事情，謹守準確告知、依約回來的模式，才能漸漸降低孩子的不安全感。若是臨時離開房間去泡牛奶或做事，要讓孩子能夠在房間聽到你的聲音，讓他們知道你還在。另外，也可以給孩子喜歡的玩具或被子增加安全感。

b. 接納孩子情緒 熊熊在哪裡

引導方式：

將孩子的娃娃或玩具藏在枕頭下或是棉被裡，藏好後，和孩子說：「找找熊熊在哪裡？」和孩子一起尋找娃娃藏在哪邊。

練習關鍵：

會有分離焦慮，很多時候是因爲孩子覺得看不到的東西就不見了，建議家長可以玩像是躲貓貓或是找東西的遊戲，讓孩子了解，暫時沒有看到的東西不會消失，還是會出現的，可以減緩孩子看不到照顧者時的焦慮。當孩子因爲分離有情緒時，不要用「不可以哭哭喔！」等威脅、嘲笑的反面話去告訴孩子，而是用理解的態度接納孩子的恐懼、害怕，「我知道你難過，媽媽等一下就回來接你了」。

2. 學習模仿他人的動作

模仿在成長過程中是件非常重要的事情，透過模仿來學習新的事物，進而了解行爲的意義，最後逐漸社會化。若發現孩子較少有模仿的行爲，我們可以試著將這些原則放入遊戲來練習。

遊戲設計原則：

★拆解動作／指令的步驟

★使用孩子有興趣的物品增加注意力與動機

★先融入孩子的活動，再從中增加想教導的動作

a. 我要跟你一起玩

引導方式：

當孩子自顧自的玩玩具時，可以先加入他的遊戲，例如：孩子在敲打木琴時，家長可以拿起木棒一起敲打，提升孩子對於家長的注意力，待孩子注意力在自己身上後，給予孩子一個動作指令（例如：打、敲、丟、放）並做出對應動作，讓孩子練習模仿。

練習關鍵：

互動過程中，確保孩子注意力在自己身上後，再引導孩子做出指定動作，若孩子無法模仿，可透過肢體引導帶著孩子的手做一次，或簡化口語指令「拿」、「敲」，增加孩子的理解。

b. 動物狂歡節

引導方式：

與孩子利用動物圖案的圖卡做媒介，搭配動作、手勢讓孩子跟著大人一起模仿，如「貓咪，踮腳尖，喵喵喵」，待孩子熟悉後，可以改用一問一答的方式，考驗孩子是否記得如何模仿動物。

練習關鍵：

剛開始可先指認二～三個動物圖卡即可，不斷重複練習，等孩子較爲熟悉後再增加圖卡。

3. 促進孩子與同儕一起遊戲

遊戲設計原則：

★多練習適當的社交禮儀（例如：合作、輪流，讓孩子慢慢脫離本位主義、自我中心）

★多提供與其他同儕互動的機會（例如：去附近公園、公共場所）

a. 我們一起玩　輪流拍氣球

引導方式：

將一顆氣球吹滿，確認好孩子理解「輪流」的概念，孩子拍一下氣球，換家長拍一下氣球，重複這個動作，一人一下，輪流把汽球打高，一起玩遊戲。

練習關鍵：

訓練孩子適當的社交禮儀，可以先讓孩子理解「輪流」的概念開始，讓孩子知道，不是只有自己玩遊戲，其他小朋友也可以一起玩遊戲，輪流玩玩具，也可以很好玩。

第四章：三～四歲「活蹦亂跳充滿好奇」

一、簡易檢核表

年齡	粗大動作	精細動作／視動整合	認知／語言	社交情緒
三歲～三．五歲	□靈活地跑 □不需扶持獨立上下樓梯 □不需扶持單腳跳一下	□轉開小瓶子 □靜態三點抓握色筆 □依照範本畫出|、○、— □使用剪刀把紙剪一半（一刀可剪斷長度） □單手打開衣夾並夾在卡紙上 □打開大鈕扣	□會區分高矮、長短、大小 □認識圓形 □了解「上面」、「下面」、「旁邊」 □辨認並命名四種顏色 □能嘗試說出物品的特徵，如：球是圓的、馬會跑	□會主動幫助他人、合作完成一件事 □已有要好的玩伴 □知道做錯事要說「對不起」

三．五歲~四歲
□使用剪刀沿著直線剪 □上玩具發條 □用積木仿疊門 □單手拿起筆尖向小指的筆，轉成筆尖朝向紙面 □扣上大鈕扣
□認識三角形 □認識正方形 □可從相差較小的物品中區分高矮、長短、大小 □認識長方形 □可點數十七個以內物品的數量 □會用「一樣」或「不同」描述東西 □可正確重複念出聽到的九個字的句子 □有多、少的概念
□出現競賽概念，喜歡與其他人比賽 □能自己過馬路，知道要看馬路兩邊

二、粗大動作

三～四歲的孩子能力發展已經漸趨成熟，有些孩子開始在幼兒園裡面接受大量的刺激，不管是在感官上、語言上都有很大的進步，也開始比較可以隨心所欲的做出想要的動作以及表達完整的句子，隨之而來的就是盡其所能的探索世界。

大動作泛指爬、走、跑、跳、爬等等，這時期的孩子更重視平衡力、協調性的發展，目標爲動作品質的提升，除了會跑還要跑得好，除了會跳還要跳的高而且不跌倒，而這些動作品質的要求就是這個階段發展的大重點！

三歲～三．五歲

★發展表現

隨著孩子的跑步技巧已經逐漸穩定，跑步的時候雙手會交替擺動，也能自己繞過障礙物、走直線時可以嘗試腳尖貼腳跟接續走、雙腳原地跳／向前跳能不跌倒、有時候會嘗試自己跳舞但可能不太穩、可以接住反彈的大球。因爲動作技巧的成熟，特別適合跟這個階段的孩子一起玩動態跑跳、丟接球的遊戲喔！

★訓練方式

家長可以試著慢慢拉長粗大動作遊戲時間、增加過程中孩子的移動距離，藉以考驗孩子的耐力表現，執行跳躍任務時，可以鼓勵孩子雙腳起跳並提供視覺化目標物，讓孩子清楚移動距離，搭配孩子喜歡的卡通人物可以讓孩子更有動機，有時候孩子的能力可是遠遠超出你的想像呢！

★特別注意

跳躍時家長可以注意孩子起跳跟落地的姿勢，這時候的孩子應該要有能力可以雙腳起跳，很多孩子還是只會一腳前一腳後的跳躍方式，家長可以提醒孩子起跳前彎曲膝蓋，從後方輕輕扶著孩子的腰協助孩子起跳的時候離地，讓孩子感受離地感覺。

三・五歲～四歲

★發展表現

這時期的孩子特別喜歡進行有挑戰性的動作，像是在樓梯上跳上跳下，到處衝來衝去，有些孩子會特別喜歡跳床或旋轉性的活動，你會看到孩子跑步的時候不再是「啪！啪！啪！」的鴨子跑法，而是能身體重心向前，穩定踏出腳跟著地、腳尖離地的步伐，不只如此，孩子的拋擲能力也變得很好，也就是「他們超愛丟東西！」東西可以丟的遠，但不一定丟的準，因此能力比較好的孩子很容易變成搗蛋鬼喔！

★訓練方式

這時期的孩子同時在發展與人互動的遊戲階段，所以在訓練粗大動作時可以多加入一點互動性的元素，讓孩子多與同儕共同遊戲。在投擲東西的時候可以給予目標物，再慢慢移動目標拉長孩子投擲的距離，若孩子始終丟不遠可以嘗試把動作口語化，讓孩子知道是肩膀抬高、手肘伸直最後才放手丟出去。可以試著放一些障礙物請孩子越過，讓孩子練習移動同時變換高度、方向，要小心不要讓孩子摔跤喔！

★特別注意

家長要特別注意這時期孩子的跑步姿勢，如果孩子跑步還是像小時候一樣「啪！啪！啪！」則要小心是不是有扁平足的趨勢，或者其他動作能力發展尚未到位，很多時候孩子是因爲重心轉移做得不好，所以也很難做出高品質的動作，家長們可以多觀察記錄孩子動作的小細節喔！

1. 促進跑步穩定性
2. 促進雙腳離地跳躍能力
3. 促進投擲能力
4. 增加重心轉移及動作協調整合能力

讓我們來看看有哪些遊戲可以促進這個階段孩子的發展吧！

1. 促進跑步穩定性

遊戲設計原則：

★跑步的步伐需腳跟著地、腳尖離地
★跑步時兩腳需有一段時間同時離地
★教導孩子學會保護自己的方法

a. 玻璃王國勇士

起始姿勢：站姿

將不同顏色（不超過五個顏色）放在空地的各個角落，告訴孩子這是玻璃王國的碎片，需要他幫忙把玻璃王國拯救回來，請他用最快的速度把顏色蒐集回來，一次拿一個顏色，不同的顏色要放進對應顏色的圈圈裡面，在遊戲裡面增加故事情節及一些認知的分，讓孩子較有動機增加來回跑步的趟數。

2. 促進雙腳離地跳躍能力

★增加動作計畫能力（讓孩子熟悉離地前後膝蓋都會彎曲）
★增加孩子跳躍距離
★增加下肢肌力以及動作穩定性

遊戲設計原則：

a. 騰空剪刀石頭布

起始姿勢：站姿

將一般的剪刀石頭布改成用腳操作，剪刀：雙腳交叉、石頭：雙腳併攏、布：雙腳打開，當喊「剪刀石頭」的時候要蹲下，布的時候往上跳並變換不同的姿勢，也可搭配格子進行遊戲，猜拳贏的可以往前一步，猜拳輸的要後退一步，最先爬完格子的人就贏了。

3. 促進投擲能力

遊戲設計原則：

★讓孩子了解動作執行的順序（手先抬、手肘直、手放開）

★將動作口語化表達

★給予孩子明確目標物

a. 森林勇士

起始姿勢：站姿

將家裡各處放置不同的玩偶讓孩子去打獵，記住要提醒孩子不能靠得太近，不然嚇到小獵物就打不到囉！在適當的距離將沙包／小球丟向玩偶，丟倒就算打獵成功！如果家裡有兄弟姊妹也可以舉辦一個小型競賽，看看誰可以獵到最多的小動物，在玩這個遊戲之前記得要把家裡易破碎的東西收拾好喔！

4. 增加重心轉移及動作協調整合能力

遊戲設計原則：

★讓孩子習慣在重心轉移的時候去做平衡

★將許多動作結合在一起讓孩子學習動作的協調性

a. 攻城堡

起始姿勢：站姿

在地上畫一條彎彎曲曲的線，線的兩側是兩個不同的城堡，分成兩隊各從自己的城堡出發，用雙腳併攏左右扭動的方式沿著線前進，若遇到對手就用剪刀石頭布決定誰可以前進，輸的一方就必須跑回原點由下一位隊友出發，看誰最先到達對方的城堡誰就贏了！

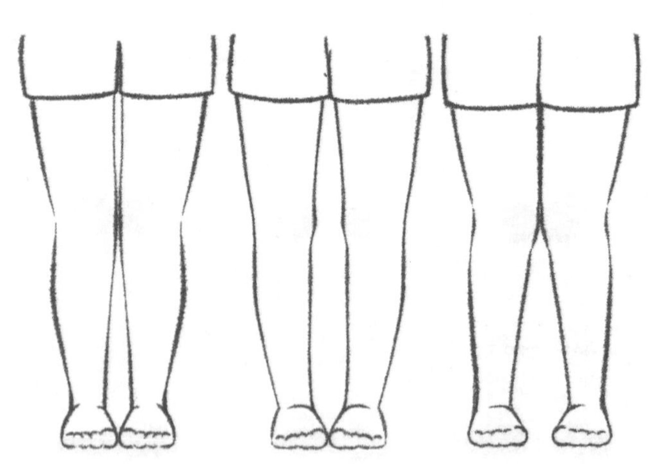

三、精細動作及視動整合

孩子隨著大腦側化發展，三歲時正好是發展的巔峰，因此孩子的慣用手在日常生活中可被明顯觀察出來，例如：孩子使用畫筆畫畫、使用湯匙吃飯時，主要工具操作的爲慣用手、穩定器具的爲非慣用手。精細動作因經驗累積、反覆練習而更加靈活，能操作的物品更加多元，像是鉛筆、剪刀、鑰匙、穿線、湯匙、學習筷等，使孩子逐漸能獨立完成日常生活任務，不需要依靠他人的協助。而此篇我們將探討三～四歲孩子的「精細動作」發展及居家可練習的活動。

在此階段孩子的學習對象不再只有父母或是主要照顧者，學校的同學、路上遇到的哥哥姊姊，無論是在公園中一同玩樂，或是在學校中排隊等待吃飯，孩子都將從同儕互動中觀察並學習，當然這也包含精細動作及視動整合能力。透過觀察模仿同儕的動作，不斷的回饋來自我修正，並從團體中得到歸屬感、成就感等，使孩子學習的動機提高、各方面能力提升。

★發展表現

這個階段你會發現孩子＊掌內操作能力越來越多元，包含＊指間操作、＊旋轉等能力也逐漸發展，加上＊手眼協調能力提升，較能靈活地操弄工具，嘗試拿著筆在一定範圍內著色、拿著剪刀沿線剪紙等，雖然品質尚不佳，但這些卻是促使他日後寫字的重要基礎。

此時的孩子在握筆方面落在過度期，已經能將筆控制在手指、使用手腕或手肘移動來畫畫，但仍然無法像大人一樣使用手指控制，此外，也能透過觀察大人畫直線、橫線的動作，自己畫出一個類似的圖形。剪刀部分則是能剪刀開合、將紙張剪斷。

★訓練方式

針對掌內操作部分，除了之前的練習方法外，亦需要增加更多包含旋轉和手指控制的動作，並利用孩子感興趣的物品、遊戲當作動力，讓孩子能邊玩邊練習。

針對手指肌力部分，因孩子在發展前期都是使用大肌肉來做各種活動，所以手指的小肌肉則沒有經常的使用，因此可以透過有阻力、細小的物品增加手指肌力的練習。

★特別注意

手指肌力部分的練習方向剛開始以五指都要練習爲目標，但到後期則需要將重心放置前三指上，因爲前三指主要負責操作、後三指主要負責穩定。

三．五歲～四歲

★發展表現

這個階段你會發現，孩子的雙手協調、*手眼協調等能力大大提升，在剪刀及著色方面都有巨大的進步。握筆及著色方面，隨著肩膀跟手肘的穩定度增加，孩子逐漸改用手指控制鉛筆，並透過著色時產生的本體覺、視覺等感覺回饋修正控制的方向及力道，著色品質有大大的提升喔！

仿畫方面，孩子能看著紙上的圖案自己畫出直線、橫線、圓形等基本圖案，也慢慢從中基本的空間概念及相對位置。剪刀方面則能沿著線剪紙，也開始嘗試剪曲線的圖案，但是轉彎的部分仍無法完全掌握。

★訓練方式

針對近端（肩膀、手肘）穩定部分，當遠端（手指）的發展已逐漸完成時，則需要反思近端（肩膀、手肘）是否也準備完成，因爲當遠端開始操作時，需要近端保持穩定，不能隨著遠端移動而移動，若是改爲遠端穩定近端移動的方式，則會使整個身體的穩定性不足，難以控制。

針對手眼協調及雙手協調部分，對於孩子模仿畫出圖案是非常重要的，*手眼協調可以透過瞄準、對準的方式練習；雙手協調則是需要雙手手指不同動作的方式練習。

★特別注意

近端穩定度除了包含肩膀、手肘外，之後也會擴展到手腕的部分，變成僅使用手指操作工具，肩膀、手肘、手腕等近端都保持穩定。

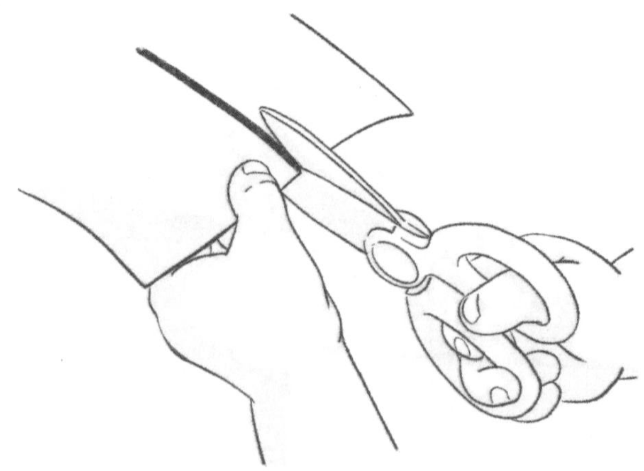

二～四歲精細動作及視動整合發展重點

1. 促進掌內操作能力及改善握筆姿勢
2. 促進雙手協調及手眼協調能力
3. 提升近端穩定度表現

讓我們來看看有哪些遊戲可以促進這個階段孩子的發展吧！

1. 促進掌內操作能力及改善握筆姿勢

遊戲設計原則：

★增加指尖抓握能力

★增加手指肌肉力量表現

a. 模仿小尖兵

引導方式：

家長可以實際操作一次拼成指定形狀的過程，讓孩子觀察相對位置、手部操作，再自己完成。主要是使用手指指尖的地方抓住小積木，若孩子無法使用此方法，可以先暫時用＊**側邊抓握**的方式引導，等練習次數足夠後再引導爲＊**指尖抓握**。

練習關鍵：剛開始孩子的空間概念尚未完全發展完畢，故無法馬上將各種形狀仿拼成功，可以由易到難（直線→三角形→正方形→十字）慢慢引導，亦可以利用口語提示，例如：紅色的「上面」是藍色。

b. 框住你

引導方式：把橡皮筋放在手指指節的位置，把手指撐開將橡皮筋套在瓶子的瓶身，套上後再把橡皮筋拿出。家長可先協助孩子把手指打開套上瓶身，再適度地放輕力量讓孩子自己完成，並示範如何使用指尖的動作拿出橡橡皮筋。

練習關鍵：若活動對孩子太簡單，可以將瓶子改成有突起的按摩球或是較寬的瓶子，增

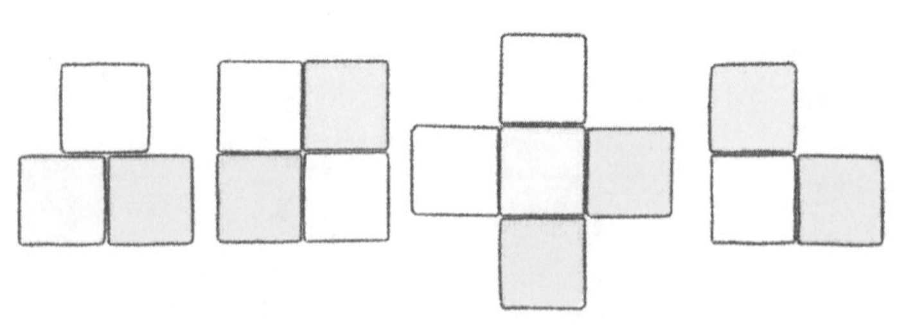

加*指尖抓握的難度。橡皮筋的鬆緊程度也是難度調整的方法之一。

c. 創意撕貼畫

引導方式：

使用家中不要用的紙張或是報紙，讓孩子撕開需要的大小並貼在圖案中。家長可以挑選厚度較薄的紙張降低難度，或是先撕開一條線再由孩子繼續完成，等孩子手指的肌肉力量提升後，嘗試讓孩子自己撕開或是增加紙張厚度。另外，在挑選圖案時，可以利用孩子喜歡的圖案誘發動機，並跟著孩子一同操作，增進親子互動。

在紙上畫上圖案、或是在網路上尋找可以拿來著色的圖案印下來也都可以，可以先請孩子用喜歡顏色的色紙都撕成一元硬幣大小，用膠水黏上，將圖案變成色彩繽紛的拼貼畫。

練習關鍵：

若孩子的*指尖抓握的動作仍不熟悉，可以先改爲*側邊抓握或是調整紙張的厚度來降低難易度。

此活動主要針對前三指靈活度做訓練。剛開始挑選建議是空白較大、圖案較爲簡單的圖案，等孩子較爲熟練後，再用比較複雜或空白處較小的圖案。孩子撕色紙的大小也會影響難度，越大越簡單，越小越難。

2. 促進雙手協調及手眼協調能力

遊戲設計原則：

★增加雙手操作不同物品的經驗

★以「瞄準、對準」為原則

a. 警察抓小偷

引導方式：

利用手指扮演警察抓小偷，一隻手比「七」當作警察，另一隻手比「一」當作一個小偷，再轉換兩隻手（警察跟小偷）的位置。家長可以利用故事劇情增加趣味性，可以先與孩子一人扮演一個角色，等孩子了解故事內容及手指動作後再進行交換，進而改為家長描述孩子用手指比動作。

練習關鍵：

當孩子「一」、「七」的手指動作交替流暢，可以變成「二」兩個小偷、「三」三個小偷，或是利用兩手做出組合的動作，例如：一隻手比「石頭」、一隻手比「二」可以變成蝸牛。

b. 一起釣大魚

引導方式：

利用筷子跟迴紋針製作成釣魚杆，家長與孩子手上各一個釣魚杆，並利用手上的杆子把桌面上的迴紋針釣起放入自己的盒子中。家長可以利用計時合作賽、個人ＰＫ賽、團體ＰＫ賽等方式增加趣味性及互動性。剛開始可以讓孩子在穩定的椅子上進行活動，等孩子表現進步後可以調整為在平衡板上面進行，可以挑戰孩子在不穩定的平面上是否能維持*手眼協調的能力。

練習關鍵：

本活動主要練習*手眼協調能力，故迴紋針的大小會影響*手眼協調的表現，當迴紋針越大則所需的*手眼協調能力較小，反之則較大。

3. 提升近端穩定度表現

遊戲設計原則：

★以近端穩定、遠端操作練習為主

★以近端出力為主

a. 小牛耕田

引導方式：

孩子趴在地上，雙手撐地使身體離開地板，雙腳由家長協助抓著提高離開地板，在此動作下進行單手的操作，例如：拼拼圖、套圈圈。家長可以先抓住孩子的雙腳大腿處，給予比較多的協助、減少孩子的負擔，當孩子肩膀較穩定後，可以調整成抓住雙腳小腿或腳踝處。

練習關鍵：

剛開始練習時孩子的力量可能不夠支撐身體，可以考慮在肚子下方給予軟墊支撐，並且隨時注意孩子的狀況，適度地休息。另外，當雙手撐地時要注意手肘是否過度伸直，變成關節卡死的狀況。

b. 支援前線

引導方式：

將物品散落在家中地板，孩子需用匍匐前進的方式拿取指定物品。指定物品可改爲孩子喜愛的物品，而指令可增加爲一次說出兩個或三個物品，增加趣味性及難易度。

練習關鍵：

主要使用上肢的力量帶動下半身移動，若下肢容易出力協助的話，可在椅腳綁上繩子以限制高度，規定孩子不可以觸碰到繩子，只能在繩子下方移動，並且規定移動範圍，亦可減少危險。

四、認知語言能力

這個階段的孩子，認知及語言都已經有一定的基礎，會用句子表達自己的需求，也可以跟較陌生的人互動；抽象概念（例如：代名詞你我他、時間及方向）也開始成形，這些語言及認知的發展，都為孩子即將進入學齡階段打下基礎，對將來團體生活的融入有舉足輕重的地位，就讓我們一起來看看三～四歲的孩子在認知語言發展需要建立哪些基礎吧！

三歲～三．五歲

★發展表現

三歲的孩子已經開始能理解簡單的空間概念了，對於物品的相對位置及使用方式更是越來越熟悉，家長收起來的東西一個不小心就會被寶貝們一個個翻出來！另外，語言部分在這個階段也進步許多，孩子開始能用較連貫的句子表達，且在陌生人面前也開始能侃侃而談，準備接受更多的社會互動了！但也正是這個階段，隨著孩子認知的發展，開始容易因為自己的堅持而有明顯情緒，讓你又愛又生氣！

★訓練方式

家長可以透過積木堆疊或完成特定形狀的方式，練習孩子的立體空間概念，並一邊做一邊引導方向的詞彙（例如：在上面、在下面）。當孩子有情緒時，可以由大人幫孩子說出他當下的情緒，讓孩子理解自己情緒的表現，或是透過故事讓孩子理解不同人的情緒表現。

★特別注意

三歲的孩子對多步驟的活動及指令較能理解但仍不穩定，因此活動時間較長時難免會有分心的狀況，這時家長只需要再重複說一次要做的事情，並帶著孩子一起進行活動，就能幫助孩子再次進入狀況。

三．五歲～四歲

★發展表現

三．五～四歲的孩子們更能獨立完成日常生活中的大小事，也開始會嘗試扮演不同人的角色，學習用不同的方式看事情。除此之外，這個階段的孩子在動作及認知上的發展都更加快速，往往觀察一兩次大人的示範就能學會新的技能，因此這個階段家長們的引導也更顯重要。

★訓練方式

這個階段的孩子開始有假想人物及情境的能力，家長可以跟孩子一起玩假扮的遊戲（例如：讓孩子扮演家長、扮演店長等），讓孩子了解不同角色的思考方式，也可以透過假想情境的方式幫助孩子演練可能面對的壓力事件（例如：上學、到陌生的環境）。

★特別注意

三歲多的孩子雖然有初步的假想能力，但思考時仍會比較以自己爲中心，有時會無法直接揣測他人的想法或未知的情境，家長可以直接說出解決的方式或別人的情緒，幫助孩子模擬情境。

三～四歲認知語言能力發展重點

1. 開始建立空間概念
2. 記得並說出故事情節
3. *假想遊戲

讓我們來看看有哪些遊戲可以促進這個階段孩子的發展吧！

1. 建立空間概念

遊戲設計原則：

★搭配實際的物品

★可以使用孩子有興趣的物品促進參與動機

★家長一邊帶著孩子觀察物品位置，一邊說出方向的詞彙

a. 積木堆城堡

引導方式：

家長準備四~五種不同顏色的積木，由家長用積木堆疊成簡單的形狀，再帶著孩子先觀察家長拼的形狀後，模仿做出一個一樣的造型。

練習關鍵：

孩子在拼的過程中，家長可以一邊說出積木的相對位置（例如：紅色在黃色的左邊），另外，也先帶著孩子的手依照順序一次指出一個積木，拿相同顏色組裝完後再指下一塊積木的位置。

b. 青蛙大戰

引導方式：

帶著孩子摺紙青蛙，摺紙是訓練這個年紀孩子空間概念很好的活動，透過對摺、翻轉、重疊在平面與立體空間中做轉換，家長可以透過步驟來做分級，能力較好的孩子父母可以示範兩到三個步驟再讓孩子進行操作，若有同儕或朋友共同參與活動可將摺紙包裝成競賽，透過競爭元素增加孩子參與的動機。

練習關鍵：

在操作的過程中家長可以透過口語引導讓孩子進行對齊（例如：邊邊對邊邊、線線碰線線），鼓勵孩子在操作過程中發問，並在翻轉的過程強化方向與空間的口語指示（例如：往「上」摺、往「後」翻……）

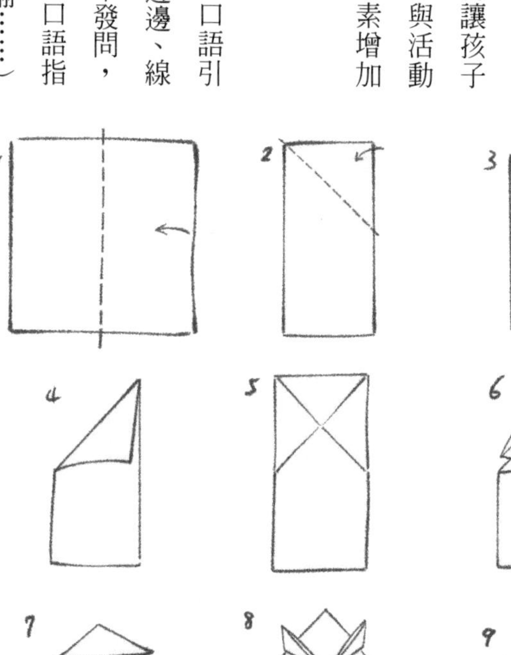

2. 記得並說出故事情節

遊戲設計原則：

★搭配孩子有興趣的故事書或是卡通節目

★看完一個段落後馬上讓孩子說出故事的內容

★可以搭配簡單的玩具演出故事劇情

a. 親子共讀說故事

引導方式：

家長準備一本繪本，或播放一段孩子喜歡的卡通，並準備一些玩偶及玩具擔任故事中的角色。開始前可以先帶著孩子認識故事中的角色，並用玩具代替故事角色來扮演。讀完一小段後，讓孩子嘗試將剛剛的故事劇情說出來，孩子可以用說的或用玩具演出，若孩子忘記故事的劇情，家長可以先用問句的方式引導（例如：角色是在哪個地方，跟誰一起做什麼事情），孩子敘述完故事後，家長可以幫忙統整再繼續後面

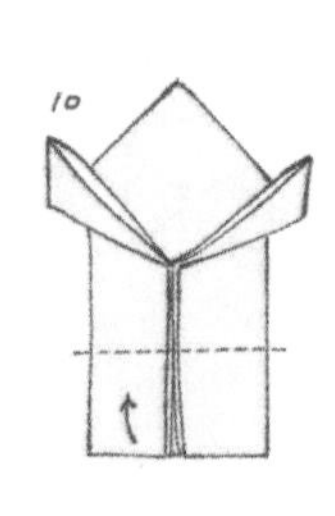

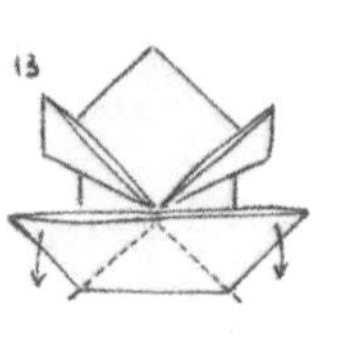

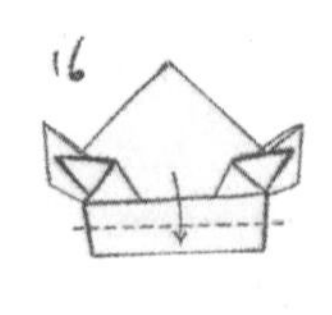

的劇情。

練習關鍵：

三~四歲的孩子可以用句子描述情境，但表達過程中可能會需要家長協助完成句子，家長可以先讓孩子自己敘述劇情後再補充說明，或用提問的方式問出事件發生的人、事、時、地、物。

3. 假想遊戲

遊戲設計原則：

★可以由家長先出一個情境主題（例如：開早餐店），再由孩子發揮想像引導故事內容

★搭配實體的玩具或生活用品，可以讓孩子更能投入活動

★適時轉換角色讓孩子學習不同角色

a. 扮家家酒

引導方式：

家長先想一個活動主題（例如：早餐店），並跟孩子討論在這個情境下會有那些人（例如：老闆、顧客）、會用哪些東西（例如：餐具、食物），再跟孩子一起討論誰扮演什麼角色，以及每個角色可能要說

什麼話。討論完後可以讓孩子發揮創意進行活動，由家長加入孩子的遊戲中，再適時讓兩方的角色互換。

練習關鍵：

可以先由孩子熟悉的場景開始扮演，過程中引導孩子想想看這個角色平常會說什麼話、要做甚麼事情。

五、社交情緒能力

此時正是孩子進入幼兒園的時期，每天大量的與各式各樣的同儕互動，努力學習著應對不同的社交衝突狀況。這時候的孩子，已經有強烈的意識到「我」和「別人」的區別，自我意識逐漸高漲之下，什麼事情都很有自己的主見，也因此可能特別喜歡挑戰家長的底線，最常透過唱反調的方式來滿足自我掌控感。這時家長要做的事情就是，堅守孩子日常生活中的規範，在孩子擁有自主權的情況下，同時學習對自己負責、尊重別人。

三歲～三．五歲

★發展表現

「老師他打我！」「××搶走我的玩具」「老師老師你看××又沒有排隊！」開始進入幼兒園的團體生活，孩子開始接觸不同個性的同儕，每天上演著各式各樣的戲碼。在合作、競爭、輪流的過程中，孩子正在學習如何與別人相處，這時期的孩子慢慢學習與家裡不同的生活環境，不是每個人都像自己的家長一樣的容忍各種情緒與行爲，這時期的孩子在逐漸的了解「情緒」是什麼，也開始理解不同的個性，透過互動的過程理解人與人相處的界線並學習互相尊重。

★訓練方式

事前可以利用繪本的方式教導不同情境中可能會發生的事情、又該如何解決，一起演練。每天孩子回家後，聊天也是非常重要的一環，透過孩子每天分享學校遇到的喜怒哀樂，幫助孩子在有困難的互動情境找適合的解決辦法。

★特別注意

這時期孩子對於「自我」有強烈的意識，但家長需要提醒，除了維護自己之外，也需要尊重別人，家長可以透過與孩子進行假扮遊戲讓孩子學習換位思考。

三、五歲～四歲

★發展表現

「我不要！」「爲什麼？」「我不喜歡」「我不開心」「我要這個！」孩子開始有很多不一樣的想法，勇於提出來「挑戰」父母；當家長請孩子做事情時，孩子有時會爲反對而反對，渴望捍衛自己的自主權。

★訓練方式

這時期是孩子行爲養成的關鍵期，請父母秉持著「踩穩底線，互相尊重」的原則與孩子互動。日常生活中的小事，給予孩子足夠的主導權，像是今天要穿什麼鞋子去上學；而在必須要做的事情上，堅持信念，用選擇題的方式避免孩子回答「要」或「不要」的情況，像是不問孩子要不要吃午餐，而是詢問要吃飯還是麵。在孩子明顯爲反對而反對的時候家長不需要將自己放進孩子的漩渦內，可以將注意力放回孩子的生理反應上面，僅對於你看到的事實做回應（例如：媽媽看到你的呼吸變得好快，而且臉變得好紅，看起來跟平常不太一樣，我們等你變回平常的樣子我們再討論好嗎？）

★特別注意

家長絕對是孩子首先模仿的對象，因此，身教是很重要的。若是要求孩子吃飯時，應該坐在餐桌前和大家一起晚餐，家長也要注意避免自己吃飯時跑去看電視。孩子在建立習慣的過程中，一定會有討價還價的時刻，請家長堅定自己的立場，可以從中協助孩子完成，但不能自己幫他做完，像是放學書包要整理歸位，當孩子大哭喊不要時，家長可以說「我們一起完成」，建立孩子的日常規範。這時候，也建議家長可以讓孩子做一些簡單的家事，學習負起責任。

三～四歲社交情緒能力發展重點

1. 培養日常生活常規
2. 學習與別人相處
3. 學習適當的表達情緒感受

1. 培養日常生活常規

遊戲設計原則：

★每日必做的事情一定要按照規律執行（例如：飯前洗手、到家時先把便當盒從書包拿出來）

★活動參與　孩子長時間持續的共同進行這項規律

a. 交換條件：我這樣做是對的嗎？

引導方式：

家長描述一些日常狀況給孩子聽，讓孩子想想做這些事情是否是正確的，正確比圈、錯誤打叉。如：吃飯前要先洗手，對不對？下課回家後，可以直接跑去電視機前看電視，對嗎？當孩子給出答案後，家長先不急著給予糾正或鼓勵，先詢問孩子「爲什麼會這樣覺得呢？」，孩子試著表達想法的時候，家長再從中介入，確認孩子的觀念是正確的。

練習關鍵：

剛開始想建立孩子生活常規時，除了讓孩子知道什麼是正確的、應該做的之外，獎勵的回饋最好是直接且可以馬上執行的，像是玩玩具、爸媽講故事、吃點心等，等孩子能夠習慣交換條件的進行方式後，可以再用延遲的鼓勵回饋，如做完事情可以拿到一顆星星，集滿五顆星星可以買喜歡的禮物。

b. 我知道現在要做什麼事

引導方式：

將一天分成三段，早上、下午、晚上，視覺化的用表格呈現後，和孩子一同討論，可以用畫畫的方式，一起思考什麼時間要做什麼事情。

練習關鍵：

這個年紀的孩子，還不懂明確的幾點幾分，但已經知道現在是早上或晚上，今天、

明天的概念，家長可以透過共同討論時間行程，加深孩子日常生活的規律，了解什麼時候要做什麼事情。

2. 學習與別人相處

遊戲設計原則：

★演練互動情境
★需要合作的環節
★需要分享的環節

a. 我會好好和朋友相處

引導方式：

上幼兒園後，孩子難免會有和同學相處不愉快的狀況發生，這時候，家長可以透過娃娃角色扮演，重新上演衝突片段，請孩子拿著娃娃扮演自己，家長拿著娃娃扮演同學。在演的過程中，引導孩子說出自己想法，也試著站在對方角度思考。告訴孩子這個狀況好的應對方式，再用娃娃角色扮演一次。

練習關鍵：

孩子願意說出困難，不管怎樣都請家長先同理他，像是「他不借你玩玩具，你很難過是嗎？」，避免直接責罵。這時期的孩子還不大有解決問題的能力，在角色扮演時，家長可以直接教導孩子應對的做法。

3. 學習適當的表達情緒感受，認識各種情緒

遊戲設計原則：

★明確定義每個情緒，用視覺且誇大的方式使孩子理解（情緒圖卡大且清楚）

★口語表達：用情境模擬的方式引導孩子說出感受

a. 我今天心情如何

引導方式：

每天睡前，拿出上面有喜怒哀樂的情緒貼紙，詢問孩子今天的心情是哪一個，發生什麼事情會讓你有這個心情。

練習關鍵：

透過辨識不同情緒，讓孩子也可以慢慢表達出自己當下的情緒，如果說不出來，孩子也可以用比的表達心情。

b. 情緒轉轉盤

引導方式：

分別畫上開心、難過、生氣、大哭……等表情符號的紙卡，放在孩子面前，讓孩子了解每個情緒。再給孩子一個情境，問他說，若發生這個情境，心情會怎麼樣？爲什麼？如果有這個心情，家長教導孩子可以如何適當的表達。

練習關鍵：

這時期的孩子口語表達已經較好了，不再像以前一樣，什麼事情都用哭來解決，因此，透過辨識不同情緒，也教導孩子如果遇到不如預期的事情，可以如何溝通。像是每天上學時，捨不得和父母分開，會難過，可以用說的「媽媽抱抱我」。

CHAPTER 5

第五章：四～五歲「什麼都想自己來」

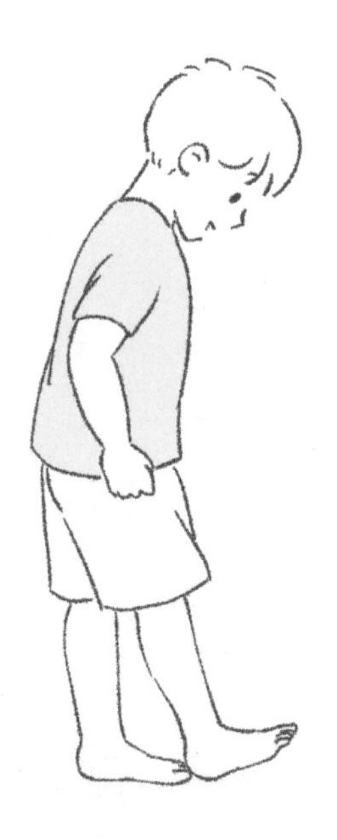

一、簡易檢核表

	四歲～五歲
粗大動作	□腳跟貼腳尖前走二～三步 □可接住反彈球 □不需扶持單腳跳五次以上
精細動作／視動整合	□畫出＋、□、簡單房子和人 □剪刀剪○或曲線 □使用小夾子夾東西，如海綿塊 □上下調整手中鉛筆的位置 □畫出╳ □剪刀剪□ □用繩子打單結 □大拇指分別碰觸其他四指 □著色不塗出線外
認知／語言	□會按大小順序將一連串物品排列 □知道「最先」、「最後」「中間」的次序 □能背數到二十以上 □有序數概念，如：可從五個排列好的東西中指出第三個 □能畫出兩種人物以上的圖畫，如：一個人和一棟房子
社交情緒	□會玩猜拳遊戲 □遊戲中會稱讚、批評他人 □會安慰、同情他人 □會與玩伴計畫要玩些什麼
生活自理	□穿鞋不會穿錯腳 □可做好基本的盥洗，如：洗臉、刷牙 □上完廁所可以自己處理 □可做好洗手的步驟 □會用輔助筷夾菜、吃飯 □會在碗裡攪拌食物 □會穿襪子 □會扣外套、襯衫、褲子的扣子

二、粗大動作

「我可以！」「我自己來！」四～五歲的孩子基礎能力的發展已經大致都成熟，動作品質也都趨近完美，所以很多事情都會希望可以「自己來」，孩子的重要他人從家人慢慢加入了同儕，在學校的時間也逐漸增加，動作上的發展會搭配著社交發展一起，遊戲的困難度也需要依著孩子的能力調整。

「這個好無聊」「媽媽，什麼時候可以走？」，一個遊戲可以滿足孩子的時間越來越短，常常家長會納悶於爲什麼這個玩具買了一下下孩子就不玩了？太浪費錢了吧？這時候的孩子容易對挑戰度低的活動感到厭煩，所以給予適當難度的遊戲對這時期的孩子格外重要唷！

四歲～五歲

★發展表現

這時期的孩子開始發展獨立自主的意識狀態，隨著認知能力的發展越來越好，孩子開始變得有主見、有明顯的喜好，也越來越難說服，參與的活動複雜度也開始增加，粗大動作發展漸趨成熟。

四～五歲的孩子開始發展單腳平衡能力，可以腳尖腳跟連著走直線，能操作滑步車、滑板車等工具，孩子也很喜歡進行障礙賽，有點挑戰的遊戲對這個時期的孩子來說是最有趣的！

對於球類運動的掌握度也變高了，開始可以追移動的物體，跳躍動作可以連續三～六次且同時往前移動，走樓梯可以穩定的一腳一階上樓梯，隨著操控能力變好孩子總喜歡自己創造規則，也很容易「頂嘴」！

★訓練方式

可以著重於平衡以及動態動作穩定度的訓練，球類運動是非常好的訓練遊戲，可以透過球類運動訓練孩子的動作協調能力，加上許多球類運動屬於團體活動，也可藉此觀察並訓練孩子的社交能力，這時期孩子不再只會簡單的拋接，可加入一些簡單的規則並讓孩子去追移動的球體，也可開始進行組隊對抗的遊戲，競爭關係可以提升孩子對遊戲的參與度。

★特別注意

在移動踢球或拋接球時的動作，有些孩子因動作整合能力、*手眼協調能力尚未發展成熟，常常會踢空或漏接，這時家長可以協助孩子拆解動作或放慢速度，先站著不移動左右丟接球，或用聲音提醒孩子跑到哪裡的時候要踢（或伸手），透過外在提示幫助孩子調整自己的動作。

孩子用腳尖對腳跟連接走直線

四～五歲粗大動作發展重點

1. 促進單腳站立以及跳躍能力
2. 促進動態平衡的能力
3. 增加動作協調整合能力

讓我們來看看有哪些遊戲可以促進這個階段孩子的發展吧！

1. 促進單腳站立以及跳躍能力

遊戲設計原則：

★單腳站立時間須超過五秒
★單腳前跳時須注意孩子膝蓋需微彎
★需確認遊戲空間安全，周邊無尖銳物品邊

a. 相撲力士

起始姿勢：單腳站姿雙手抱枕頭

將地板用繩子圍出一個圓圈，參賽者在遊戲開始後需以單腳跳躍的方式衝撞對方，過程中不可將手或抱枕鬆開以防受傷，誰另一腳落地（過程中可換腳跳）或跑出圈外就算輸。

b. 最後大贏家

起始姿勢：站立

腳下踩著一張報紙，每一回合將對方的報紙撕成一半，先跌出報紙的人就輸了。

2. 促進動態平衡的能力

★孩子於遊戲過程中需移動

★遊戲中重心不同改變

遊戲設計原則：

★增加下肢肌力以及動作穩定性

a. 翻山越嶺

起始姿勢：站姿

排列多張高低不同的椅子或障礙物（不宜太高），有些椅子上需放置軟墊，在地板上放多件小物品，讓孩子只能踩著椅子前進，過程中需撿地上的小物品，撿到的物品越多的人獲勝。

3. 增加動作協調整合能力

遊戲設計原則：

★讓孩子了解動作執行的順序

★將動作口語化表達

★給予孩子明確目標物

a. 神燈精靈

起始姿勢：坐姿／站姿

兩人一組，讓孩子坐在小毯子上，讓孩子用手抓著毯子的邊緣，腳彎曲伸直的方式蠕動前進，在十公尺處放置物品，兩人輪流將十公尺處的物品運回，計時十分鐘內可運回最多物品的隊伍獲勝。

三、精細動作及視動整合

到了這個時期，孩子已經不是我們眼中什麼都需要幫忙的小寶貝了，而是一個擁有獨立思考的個體，雖然想法仍不夠成熟，卻對世界充滿疑惑跟好奇，凡事都想自己嘗試看看。進入幼兒園後孩子有規律的作息、學習日常生活上的常規、與他人建立社交關係、學習國小前的基本知識等，慢慢成爲一個小大人囉！孩子已經從一開始連筆都拿不好的樣子，到現在能寫出各種符號、數字，這就是這個階段孩子的變化，也是我們這篇要探討的主題「四～五歲孩子的精細動作發展」及居家可練習的活動。

四歲～五歲

★發展表現

這個階段你會發現，孩子的*掌內操作能力、*手眼協調能力、雙手協調能力等已逐漸成熟，在工具操作上的表現較之前進步許多，寫出的東西不再是以前鬼畫符的樣子，開始可以從畫／寫出的圖形辨識出孩子的想法，包含：利用三角形、正方形、圓形畫出房子的模樣，或是模仿寫出各種數字等，也開始嘗試一些簡單的圖形仿畫。

在剪刀方面，孩子能沿著曲線將圖形剪下，也開始學習慢慢轉動紙張，讓兩手能協調地同時做不同的事情。在握筆寫字方面，雖然握筆姿勢仍落在過渡期，但是已經能偶爾使用手指來移動鉛筆，嘗試寫出數字、四筆畫內的簡單圖形。在著色方面，可以把圖形塗滿顏色，即便會有些微塗出，尤其是在邊邊角角的位置更明顯，但是整體品質卻已提升。

★訓練方式

針對握筆姿勢部分，我們可以更著重在握筆所需之指尖捏取的小肌肉，以大拇指、食指、中指這三指爲主，增加其肌耐力及靈巧度能力。雙手協調部分，更著重在以手指爲主的協調，累積兩邊手指做不同任務的經驗，增加其雙手協調能力。

★特別注意

剪刀使用上需特別注意安全，建議使用幼兒剪刀練習，因孩子的能力提升，可以開始練習較小或是有邊角的圖形，故在使用上還是有大人的陪同比較安全喔！在書寫仿畫部分，請家長不要太過心急，慢慢練習、建立興趣、陪伴孩子一同練習，另外，由於書寫仿畫牽涉空間建構能力，跟孩子的視知覺發展極度相關，因此也不要忘記評估這部分的能力。

四～五歲精細動作及視動整合發展重點

1. 促進手指的肌耐力
2. 促進雙手協調及手眼協調能力

讓我們來看看有哪些遊戲可以促進這個階段孩子的發展吧！

1. 促進手指的肌耐力

遊戲設計原則：

★增加指尖捏取的經驗

★增加手指肌肉力量表現

a. 洞洞圖創作

引導方式：

準備多個小型的打洞器，由家長帶領先看過打洞器的形狀，讓孩子自由選擇後，家長可以實際操作一次如何使用打洞器，包含色紙該如何放在打洞器的隙縫中、手指該放在哪個位置、膠水該如何使用等，由你創作成一個圖案或圖形來吸引孩子的動機，鼓勵並引導孩子自己完成，從旁教導動作要領，引導孩子將手肘靠在桌上，一手拿起色紙、一手使用前三指按壓打洞器，並利用膠水把形狀貼在紙上，自由發揮創意創作。若孩子仍不太會使用可以給予些微幫助按壓打洞器。

練習關鍵：

打洞器的選擇須適合孩子手指按壓的大小，且初期練習可挑選阻力較小的打洞器，給予孩子正向經驗，促使下次練習的動機，等孩子的肌力提升後再選擇阻力較大的打洞器。

b. 鑷子夾夾樂

引導方式：

準備隱形眼鏡的鑷子或是金屬的鑷子，以及一把紅豆跟大豆。將紅豆與大豆混合，讓孩子拿著鑷子從中夾取指定豆類。家長可以先示範如何使用鑷子開合，利用實際操作及口語解釋鑷子的

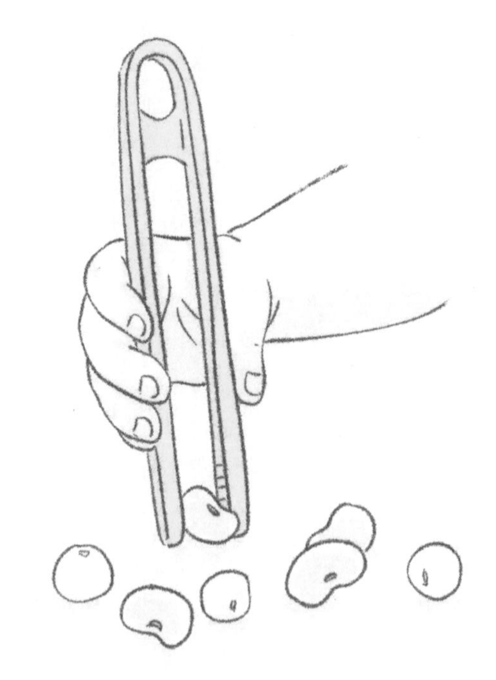

開合與手指用力壓鑷子間的連結，再由孩子自己嘗試使用，若孩子仍不太會使用可以協助壓住鑷子、給予些微的力量幫助。

練習關鍵：

初期練習夾取較大且有稜角的物品，等技巧純熟後再選擇較小且圓滑的物品。此活動包含*視覺搜尋能力，若孩子的搜尋能力較弱，可以替換把紅豆替換為綠豆，使其顏色的對比色變明顯。

2. 促進雙手協調及手眼協調能力

遊戲設計原則：

★增加雙手手指同時做出不同動作的經驗

★以「瞄準、對準」為原則，對準的目標物更小

a. 剪刀變變變

引導方式：

準備孩子用的剪刀以及圖畫紙，家長可以在紙張上畫出曲線或圓形，其圓形的弧度需比手掌握拳的範圍還大，讓孩子一邊轉動紙張、一邊操作剪刀，沿著紙張上的曲線剪下。家長可以先讓孩子使用一刀一刀

剪的方式修改，過程中引導孩子修改一次就轉動一次紙張，練習讓雙手能協調的轉換，之後再要求孩子邊剪邊轉動。

練習關鍵：

剛開始練習時可以將線條畫粗，降低對*手眼協調的挑戰，且盡量不要給予過多的彎曲。另外，可以將基本圖案拼湊成孩子喜愛的卡通人物、動物、食物等，以提升孩子的興趣、增加練習的次數。

b. 骨牌火車

引導方式：

準備至少二十個骨牌。由家長示範如何將骨牌依照一定間隔排列，再換孩子自己排列。家長可以先用三個骨牌示範如何取間隔並讓骨牌倒下一次，讓孩子了解骨牌的意義以及誘發他的動機。若孩子不知道如何排列，可以在地板上用筆畫出想要完成的圖案，讓孩子沿著線排列骨牌。

練習關鍵：

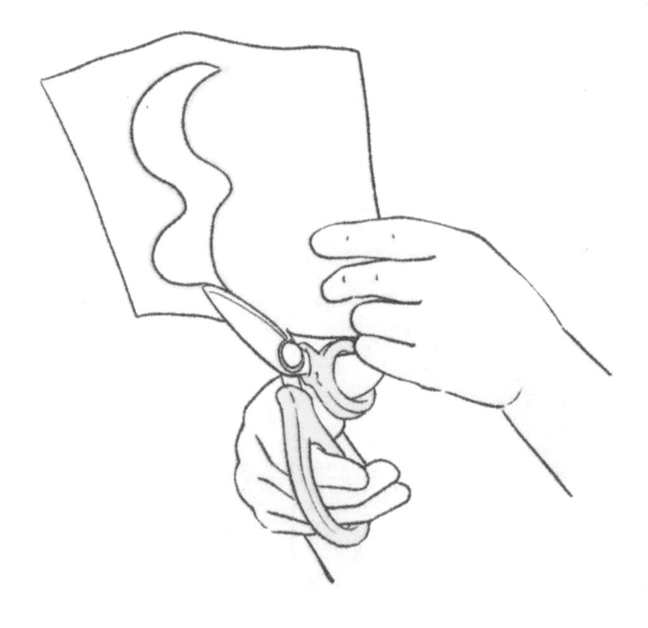

第一次玩骨牌時先以二十個左右的數量排列，目的是爲了能快速地完成作品以提升動機及成就感，也能讓孩子不會厭倦排列的過程，之後再慢慢增加數量。

四、認知語言能力

四~五歲的孩子，不論是認知或是語言的發展，都已經開始能自己應付不同環境的挑戰了！不管在家裡或是在學校，家長跟老師們也都會明顯感覺到，孩子開始能明確表達自己的需求，而且常常會每隔幾天就覺得又長大了一點！因爲這個階段的孩子們，剛好在認知及語言的快速發展期，除了一邊從環境中大量學習新的知識之外，也逐漸變得更成熟穩定，很多事情都會想要自己嘗試看看！在這個孩子爆炸成長的階段，家長常因爲孩子的成長又驚又喜，卻也常因爲孩子的堅持而傷透腦筋……那就讓我們一起來看看這個時期的孩子，在認知語言的部分如何發展及怎樣跟孩子一起成長吧！

四歲~五歲

★發展表現

四~五歲的孩子已經能完整的描述出自己的意見或是聽到的事情了，而且也開始能理解較爲抽象的概念，像是時間、金錢或是簡單的符號代表的意義，所以有時會像個小大人一樣，甚至會模仿身邊大人說話的語氣，讓人好氣又好笑！但四~五歲的孩子對於規則及社交規範的理解還沒有十分完整，雖然孩子們已經開始意識到團體中有一些規範，但實際執行時多半還是會以自己的角度思考，有時會忽略別人的想法，或以爲大家的想法跟看法都會跟自己一樣，這時就需要家長直接跟孩子說出其他人的看法喔！

★訓練方式

家長可以在日常生活中多給予孩子選擇的機會，並先告訴孩子不同選項的後果，讓孩子多一點自主權，也同時幫孩子建立事情的因果關係。在說明日常生活活動時，家長可以盡量使用「先做……」、「再做……」及「最後做……」，讓孩子習慣事件的先後順序，且說明時盡量使用跟大人說話的語氣，讓孩子更習慣一邊對話的文法規則。另外，可以鼓勵孩子描述今天發生的事情或看過的故事內容，幫助孩子統整自己的思緒並練習表達的方式。

★特別注意

四～五歲的孩子雖然常常表現得像個小大人，但在情緒認知的發展上還遠遠不及成人，因此非常需要家長的鼓勵喔！有時孩子會因爲覺得自己表現得不好而感到生氣，但對於生氣的正確行爲表達又不熟悉，可能會用其他情緒或行爲表示，家長可以給予多一點鼓勵，並耐心等待孩子再一次表現的機會，或是跟著孩子一起完成剛剛的任務，也可以適時給予孩子一些小任務，讓孩子們自己完成日常生活活動喔！

四～五歲認知語言能力發展重點

1. 建立時間概念
2. 完整表達一件事情（包括時間、地點、人物）
3. 理解簡單的遊戲規則（例如：桌遊、卡牌遊戲）

讓我們來看看有哪些遊戲可以促進這個階段孩子的發展吧！

1. 建立時間概念

遊戲設計原則：

★搭配時鐘或是倒數計時的器具

★在時間快到之前給予一些提醒

★盡量每天固定時間做同一件事情，逐漸養成固定作息

a. 尋寶冒險

引導方式：

家長準備一個鬧鐘或手機計時器，並準備六～八個孩子常玩的玩具。先跟著孩子一起設定計時三分鐘，時間內家長要將玩具藏在家中各角落，並告訴孩子當鬧鐘響了的時候才能開始將玩具找回。

練習關鍵：

家長可以盡量使用指針式的鬧鐘，或是使用圓環將時間概念視覺化，讓孩子明確知道剩餘時間的「數量」，並在生活中嘗試使用倒數計時的方式，讓孩子在完成日常生活活動時（例如：收玩具、洗澡等），一起了解用了多少時間。

2. 完整的表達一件事情

遊戲設計原則：

★搭配孩子有興趣的故事書或是卡通節目

★讓孩子完整看完所有劇情再一次說出

★可以當作每天睡前的小儀式，讓孩子分享今天發生的事情

a. 睡前故事及心情分享

引導方式：

家長引導孩子在每天睡覺前，跟家長互相分享今天發生的兩件印象深刻或開心的事情，家長可以準備一些玩具，讓孩子用演戲的方式重現事情的經過，也可將分享包裝成你演我猜，讓家長猜猜看發生什麼事了，孩子分享完再讓家長分享自己今天發生的事情及心情。

練習關鍵：

孩子分享的過程中，家長可以先聆聽，讓孩子用自己的方式表達，當孩子描述起來有點卡卡的時候，家長再適時以問句的方式引導孩子說出事情的「人、事、時、地、物」，都描述完後再問問孩子的心情。

3. 理解簡單的遊戲規則

遊戲設計原則：

★ 由家長說明遊戲規則，並一邊說明一邊搭配實際示範

★ 盡量將規則以條列的方式進行，控制在三～四條以內

★ 講解完後可以問孩子規則的重點。

a. 心臟病

引導方式：

準備一副撲克牌，挑出其中數字的部分（去掉A、J、Q、K），並由家長說明遊戲規則。規定由家長一次翻一張牌，且每翻一張牌就要從一開始念一個數字，孩子要注意看家長翻開的牌是否跟念的數字一樣，若數字一樣就要拍手，不一樣則不能拍手。

練習關鍵：

家長說明規則時一邊示範動作，且所有規則說明完後，先帶著孩子試玩幾次再進行遊戲，也可以其中一位家長跟孩子以競賽的方式進行遊戲，增加孩子的參與度。

五、社交情緒能力

這時期的孩子，漸漸不需要什麼事情都家長帶著一起做，在學校有屬於他自己喜歡的玩伴，大腦開始有了「朋友」的概念，會開始注重友誼，喜歡和朋友遊戲、分享玩具，當然也會模仿玩伴的行爲或是與玩伴比較。孩子遊戲時開始會時常玩起角色扮演，並且在扮演的過程中，學會不同角度的思考，有助於同理心的培養，當看到同儕情緒不佳時，也會上前給予安慰。在這時候，家長可以健康看待孩子的友誼，並且帶入一些社會道德規範，讓孩子辨別哪些行爲是對的、哪些是錯的。

四歲～五歲

★發展表現

孩子開始會與有共通性的同儕玩在一起，可能是喜歡玩一樣的玩具、同樣外向愛講話等，他們也會互相模仿行爲，容易會有「某某某有這個糖果，我也要有」，或是朋友用哭鬧可以獲得關注，回家後孩子就也會學習這種應對方式。

★訓練方式

孩子還尚未有明確的道德觀念，但會爲達目的或是尋求同儕認同，而開始模仿身邊的朋友，還可能把之中學習到的惡習帶回家。遇到這種事情，家長態度務必冷靜，用溫柔但堅定語氣與孩子說「這個行爲是不對的」，並與孩子說明做這件事情的後果，再與孩子一起想辦法如何應對會更好。

★特別注意

沒有孩子是壞的，因此與孩子溝通的時候，請著重「他的行爲」而非「這個人」，利用引導的方式，幫助孩子建立起好的道德規範，並且有好的社交經驗。

四～五歲社交情緒能力發展重點

1. 學習同理心的建立
2. 與同儕玩合作性遊戲
3. 學習社會道德規範

讓我們來看看有哪些遊戲可以促進這個階段孩子的發展吧！

1. 學習同理心的建立

遊戲設計原則：

★學習察言觀色，觀察周遭的環境及人物的表情或語氣

★角色扮演及換位思考

a. 猜猜我在想什麼

引導方式：

平時與孩子互動時，可以和孩子玩「你猜猜……」開頭的字句，像是「你猜猜今天煮什麼晚餐」、「你猜猜對面那個路人今天過得開不開心」等，透過這個問句，孩子會開始從身邊找出一些蛛絲馬跡，來回答問題，這就是學習察言觀色的入門，將心思從自己轉移到他人身上，思考對方如何想。

練習關鍵：

這個遊戲是日常家長和孩子在相處時，都可以玩的遊戲，簡單但有效的讓孩子從只關注自己轉移到看看別人在做什麼、想什麼。

b. 換我當主角

引導方式：

平時和孩子念繪本時，故事中都會有一個主角，大多都是以主角爲第一視角發生的事情。可以在念完故事後，換孩子說故事，編一個屬於故事中配角遇到這些事情的心情或狀況，遇到相同的事情，不同的角色和個性會怎麼想。

練習關鍵：

讓孩子編配角故事時，不只讓孩子有想像無限的趣味，他們還要觀察到這個角色的個性是如何，他遇到這些事情的時候應該會怎麼反應。平時家長在讀繪本時，也可以問問孩子故事裡的角色遇到這些事情，會怎麼想？爲什麼呢？或是還沒翻到故事下一頁，請孩子猜猜故事發展。

2. 與同儕玩合作性遊戲

遊戲設計原則：

★創造遊戲情境

★引導孩子加入團體

a. 大家一起玩遊戲

引導方式：

平時在帶孩子去公園玩遊戲時，可以先觀察孩子遊戲方式，如果遇到其他同儕也正在遊戲時，能否加入他們一起玩？或是主要沉浸在自己的世界中，並從孩子的行爲中推敲可能的原因，孩子不加入其他小朋友一起玩的原因是因爲害羞嗎？還是對於環境中其他事物較爲有興趣？如果孩子自顧自的玩遊戲很久，家長可以試著「加入孩子的遊戲」，看看孩子反應，若孩子在玩車，一起拿車與他互動，若他不排斥的話，增加遊戲規則，創造遊戲情境。家長可以跟孩子一起討論其他孩子的遊戲方式，可以分解其他孩子遊戲的元素並跟孩子討論他可能可以加入哪一部分，（例如：他們好像在玩紅綠燈欸，你覺得你可以跟他們一起跑來跑去嗎？你可以跟他們一樣拍手變紅燈嗎？）鼓勵孩子共同參與（例如：你好像都做得到欸！那我覺得你好像也可以跟他們一起玩欸！）並且和學校老師密切合作，觀察孩子在校與同儕的互動狀況，協助孩子在不同情境中學習社交互動。

練習關鍵：

若發現孩子在公共場合少有與他人互動、對於環境其他事物較爲有興趣、反而對人興趣缺缺、與人眼神接觸少、或是只玩特定的玩具時，請家長務必帶孩子去醫療院所檢查，詢問醫生孩子是否有社交方面的困難。

3. 學習社會道德規範

遊戲設計原則：

★個人界線設定

★情境模擬

a. 我的身體我做主

引導方式：

紙上畫一個人體圖案，可以先指著紙上不同部位問問孩子這裡是哪裡。告訴孩子身體哪些部位是較爲私密的，別人不能隨意觸碰，並拿紅色的彩色筆，跟孩子一起在紙上塗上私密部位在哪。

練習關鍵：

學會尊重別人之前，孩子應先了解自己與別人的不同處，是男生或女生、長髮

或短髮等，再發展到每個人的身體界線、行為界線、情緒界線等，最後再慢慢教導尊重他人的意願。除了及早讓孩子了解「我是身體主人，沒有人可以隨便觸碰我」外，也進一步教導孩子萬一實際遇到危險的情況時，應該如何因應。平時家長也應該以身作則，在觸碰孩子前，事先詢問／告知孩子「媽媽要幫你洗頭，要碰你的頭頭囉！」，給予孩子尊重。

b. 找一找，哪裡怪怪的引導方式：

現在坊間書籍或幼兒教學APP有類似遊戲，讓孩子在一個畫面中，找出不符合常理或怪怪的地方，如亂丟垃圾的阿姨、吐口水在地上的爺爺等，家長可以帶著孩子一起找出不合理的地方。

練習關鍵：

遊戲過程中，討論是重要的，家長可以提出問題「這裡哪裡怪怪的？」、「爲什麼怪怪的？」之外，可以進一步詢問孩子：「那我們可以怎麼做比較好？」在這過程中，孩子就是在學習社會道德規範的路上。

六、生活自理能力

孩子大肌肉、小肌肉的控制已經更爲成熟，許多日常生活上的事情也漸漸不需要家長這麼多的協助，渴望自己獨立完成事情的成就感。像是能夠自己正確穿上衣褲、能夠扣外套的扣子、可以自己刷牙、嘗試使用筷子吃飯，甚至可以扮演家務小幫手，幫忙爸媽倒垃圾、擺放碗筷，把碗盤放入水槽中。

四歲～五歲

★發展表現

孩子在這個時期會想要什麼都自己來，什麼都不要家長插手幫忙，他們正在享受著能夠掌控事情的成就感，能夠做到會更加有信心，但能力無法完成的事情就會大哭或者鬧脾氣。這時期的家長會需要更多的耐心和引導，讓孩子學習如何生活自理。

★訓練方式

完成一項日常生活的事情其實是一件很繁瑣、需要很多步驟的麻煩事，隨便數一下，都有大約五個以

上的步驟需要完成，每一步驟對孩子來說都不容易，更何況需要一次把所有步驟自己做完。家長可以先將事情分成幾個步驟，先把最後一步較爲簡單的步驟給孩子完成，等孩子學會後，再一步一步往前教。

★特別注意

先從最後一步教給孩子做，再慢慢往前步驟教，這個順序很重要，因爲一件事情最後是孩子完成的，孩子會更有成就感，嘗試意願更高。

四～五歲生活自理能力發展重點

1. 能夠自己扣扣子
2. 能夠自己穿對左右腳的鞋子
3. 可以完成上廁所步驟

讓我們來看看有哪些遊戲可以促進這個階段孩子的發展吧！

1. 能夠自己扣扣子

遊戲設計原則：

★需要雙手協調

★手指前三指的靈活度（大拇指、食指、中指）

a. 描瓶蓋作畫

引導方式：

利用家裡瓶裝飲料上的瓶蓋，或是市面上可以描繪形狀的創意繪圖尺，請孩子一手壓好要描繪的瓶蓋／形狀，一手用筆描繪外框，利用不同形狀來作畫。

練習關鍵：

此活動主要是練習雙手協調。描繪瓶蓋外圍對孩子來說是有難度的活動，一手要穩住瓶蓋不讓瓶蓋移動，且畫到一半時需要轉換方向才能描繪到被穩定手擋到的地方。可先從較爲簡單的創意繪圖尺開始練習，孩子只要壓好尺子的一邊就可以完成好看的形狀，再慢慢進階到較大的瓶蓋，描繪越小的瓶蓋相對困難，有複雜邊緣的形狀也相對困難。

b. 拓印畫

引導方式：

可以跟孩子一起到大自然裡面選取自己最喜歡的樹葉、過程中家長也可以跟孩子一起找尋屬於你們的樹或植物，接著帶孩子到平坦的地上或者桌上讓孩子墊著樹葉進行拓印，也可以將成品剪下來做成書籤，創造你們兩個回憶。

練習關鍵：

此活動主要針對雙手協調進行訓練，在拓印的過程需要一手穩定紙張一手進行繪畫，家長也可以透過給予不同的工具調整難度，像是給予水彩難度就比蠟筆或色鉛筆較低一點，在樹幹上進行拓印難度就比樹葉來的高，家長可以透過不同的方式調整難度，跟孩子一起創作屬於你們的回憶，同時訓練孩子的功能唷！

2. 能夠自己穿對左右腳的鞋子

遊戲設計原則：

★漸進式的練習四肢協調

★透過視覺回饋的學習策略

★分辨左右腳差異

a. 手腳並用穿鞋子

引導方式：

孩子在練習穿鞋的初期，可以先要求孩子有「參與」到穿鞋的過程，像是把黏扣帶黏起來這個步驟。漸漸可以增加到家長雙手撐開鞋子前後，孩子自己將腳伸進鞋子，且自己黏黏扣帶。再進一步到孩子一隻手撐開鞋子前端，家長協助撐開鞋子後端，其餘孩子可以自己完成。最後由孩子自己獨立完成所有穿鞋步驟。

練習關鍵：

穿鞋需要雙手雙腳並用，在孩子四肢協調沒有這麼好的情況，請家長將穿鞋切割成多步驟，讓孩子熟練一步驟後，在慢慢練習第二步驟，漸進式放手。初期，也建議使用較鬆的鞋子練習穿鞋，成功率較高。

b. 我會分左右腳

引導方式：

和孩子一起觀察鞋子的樣式，一起看看這兩隻鞋子有哪裡不一樣，如圖案、鞋帶或鞋舌。視覺提醒不一樣的地方，像是有圖案的地方都在鞋子的外側。或是將一邊鞋子的鞋舌用貼紙標記符號，請孩子穿鞋時，翻一下鞋舌，即可知道是哪一腳的鞋子。也可以將一張貼紙剪成兩半，分別貼在左右腳，讓孩子每次穿鞋時，先將貼紙擺成正確的圖案後，就可以知道左右腳。

練習關鍵：

左右兩隻鞋子確實長的很像，家長可以透過和孩子一起練習，找出二～三種方式來確認左右腳是否穿對。

3. 可以完成上廁所步驟

遊戲設計原則：

★步驟拆解

★遞進式學習

★建立視覺化提醒／口訣

a. 建立良好衛生習慣：自己做告示牌

引導方式：

家長和孩子共同製作上廁所時視覺化的小提醒，如和孩子一起畫一張記得洗手的圖畫，貼在洗手臺旁；或是跟孩子一起編一首上廁所口訣的歌，提醒孩子如廁的衛生習慣（例如：小屁股，黏馬桶，用用力，擦屁屁，沖沖水，洗手手，我是廁所小尖兵！）。讓孩子參與一起創作歌曲的過程可以幫助孩子記住步驟並更願意嘗試唷！

練習關鍵：

這時期的孩子應該已經習慣自己去廁所，不大需要大人的陪同，但不一定記得每個步驟，還是需要大人提醒。上廁所後沖水、洗手是孩子最常遺忘的事情，除了視覺圖示的提醒外，家長也可以利用繪本，加強孩子上廁所的步驟。

b. 遞進式學習多步驟任務：我可以自己上廁所！

引導方式：

先讓孩子習慣想上廁所就坐小馬桶，即使穿著尿布坐小馬桶也可以，讓孩子對上廁所和小馬桶有所連結。上完廁所讓孩子沖水，使孩子參與部分上廁所步驟。自己完成某些步驟也會讓孩子更有成就感與意義。再慢慢漸進讓孩子脫尿布坐小馬桶，擦屁股等步驟，最後獨立完成所有任務。

練習關鍵：

關於戒掉尿布或是能否自己上廁所這件事，有些家長會顯得太急，導致孩子受到壓力，孩子反而無法做好這些事情。除了平常玩扮家家酒時，拿布偶模擬上廁所步驟外，平時孩子上洗手間時，可以一步驟一步驟漸進的讓孩子學會上廁所的所有環節。

CHAPTER 6

第六章：五～六歲「失控的小大人」

一、簡易檢核表

	粗大動作	精細動作／視動整合	認知／語言	社交情緒	生活自理
五歲~六歲	□不需扶持單腳站十秒 □有韻律地雙腳交互跳 □合併雙腳前跳四十五公分以上 □踮腳尖走四．五公尺 □腳跟對腳尖後退走直線	□動態三點握筆 □畫出△、☆、數字、注音 □將紙對摺兩次 □沿線剪出複雜圖形	□會看時鐘 □了解「全部」和「一半」的意思 □了解1/2、1/3、1/4的意思，如：將十二個物品平分給兩人、三人、四人 □會區分遠近 □知道「多加一點」和「減少一點」的意思 □知道十以內的數字順序，並且能接著念 □會寫數字一到九 □能做簡單的加減運算 □會從一數到一百不遺漏 □會區分左右 □認得大部分注音符號 □會寫簡單或熟悉的國字，如：大、小、自己的名字	□能區分自己和他人的東西，會徵求他人同意 □遵循稍複雜的遊戲規則，如：簡單桌遊、撲克牌 □和他人分享祕密 □知道自己的生日	□自己穿脫一般衣物 □自己組合食物，如：三明治 □可用筷子進食 □會用刀子切東西 □會自己梳頭髮、繫鞋帶 □可自己洗澡，只需一點協助

二、粗大動作

「這個我喜歡！」「我想要這個！」五～六歲的孩子開始發展明確的喜好，有自己的主見以及想要嘗試的東西，大部分的孩子在這個時期都在幼兒園中度過，回家總會嘰嘰喳喳，恨不得把在學校發生的所有雞毛蒜皮小事都跟你分享。

五～六歲的孩子有時候表現很像小大人，看著孩子漸漸長大家長一定很有成就感吧！但他們又還是有很多孩子氣的語言和行為，總是讓大人哭笑不得有時也不知道該如何跟孩子相處，不妨試試跟孩子當朋友吧！

五歲～六歲

★發展表現

這時期的孩子已經可以用流暢的語句流利的表達出自己的需求以及想從事的活動，粗大動作的發展也已經大致成熟，不再是這時期孩子發展最注重的重點，這時期的孩子應該已經可以從事許多複雜全身性的動作包含立定跳遠、前滾翻、交叉跳、踮腳平衡。

五～六歲的孩子到公園也不在跟以前一樣單純的玩盪鞦韆或溜滑梯，開始很喜歡爬上爬下或吊單槓，活像隻小猴子呢！

★訓練方式

這時期的訓練著重於孩子能否同時進行兩個以上的動作（邊跑邊接球），可以多帶孩子到戶外走走，這時粗大動作的訓練方式需要的場地較大，到公園裡面也可以與其他孩子一起遊戲，除了動作訓練外這時期的孩子正在發展合適社交技巧，家長可以看到孩子在幼兒園裡是如何跟其他孩子互動的。

這時期提供給孩子的訓練遊戲複雜度可以較高，讓孩子有足夠的挑戰性參與的動機才能提升，活動上可以結合多種動作同時進行，結合認知活動（顏色、大小、形狀、因果順序）進行設計讓孩子在一個遊戲裡面就可以訓練到多種能力！

★特別注意

這個時期的孩子遊戲進行的較激烈，家長須特別注意孩子在激烈遊戲前是否有足夠的暖身，遊戲過程中是否記得飲水，動作品質上是否容易出現同手同腳或動作不協調的狀況，以及孩子如何處理挫折發生時的情緒反應。

五～六歲粗大動作發展重點

1. 執行斜向動作（例如：右手碰左腳）
2. 同時進行多個動作（例如：跑步且拍球）

讓我們來看看有哪些遊戲可以促進這個階段孩子的發展吧！

1. 執行斜向動作

遊戲設計原則：

★兩側均需使用
★需有旋轉的動作
★動作可維持數秒

a. Twister

起始姿勢：站姿

地板貼上紅、藍、黃、綠四種不同的顏色，出題者下指令讓四肢（左手、左腳、右手、右腳）其中一個部位碰到對應顏色（右手紅色），孩子需維持那個姿勢直到下一個指令，先跌倒的人就輸了。

2. 同時進行多個動作

遊戲設計原則：

★同一時間上下肢均需進行動作

★動作過程需穩定

★增加動作計畫以及穩定性

a. 一二三變超人

起始姿勢：站姿

說明三個角色代表的動態動作，

△彈簧超人：手往腳不停往上跳

△大力士超人：雙手比出大力士不停起立蹲下

△魔法超人：雙手平舉不停旋轉。

在終點放置十個物品，當說一二三的時候可以從起點出發往前跑到終點取物，當說出××超人的時候需停止跑步做出該超人的動作，如果被抓到做錯就要還回一樣物品，先取完十樣物品的人獲勝。

三、精細動作及視動整合

孩子即將脫離幼兒園的保護，邁入需要自主獨立且環境相對開放的小學，開始學習基本知識、如何與同儕互動，因此正需努力提升各方面的能力，準備面對未知的環境及挑戰。

你可能發現孩子各項能力正突飛猛進，使孩子能在短時間內學會如何寫字、靈活的操作工具，那是因為孩子的視知覺能力、*手眼協調能力、*掌內操作能力、手指肌耐力、軀幹穩定度等都已發展到一定程度，彷彿一瞬間就能習得新技巧。

五歲～六歲

★發展表現

這個階段你會發現孩子與大人的拿筆姿勢相同，分為使用三指（拇指、食指、中指）或四指（拇指、食指、中指、無名指）控制、動態抓握（拇指指尖靠在筆上）或指側邊抓握（拇指側邊靠在筆上），組合成四種不同的成熟握筆方式（如左圖）。

寫字方面，小朋友開始模仿注音、字母、姓名等，隨著經驗累積、錯誤修正後，能寫出的符號越來越

多，結構越來越複雜。剪刀方面，隨著小朋友雙手協調能力進步，面對曲線圖案不再是一刀刀剪，而是可一邊剪紙一邊轉動紙張，判斷紙張轉動方向也更有經驗，這些都使得曲線的品質能夠提升。摺紙方面，能夠將色紙對準摺好，且可重複對摺兩次。

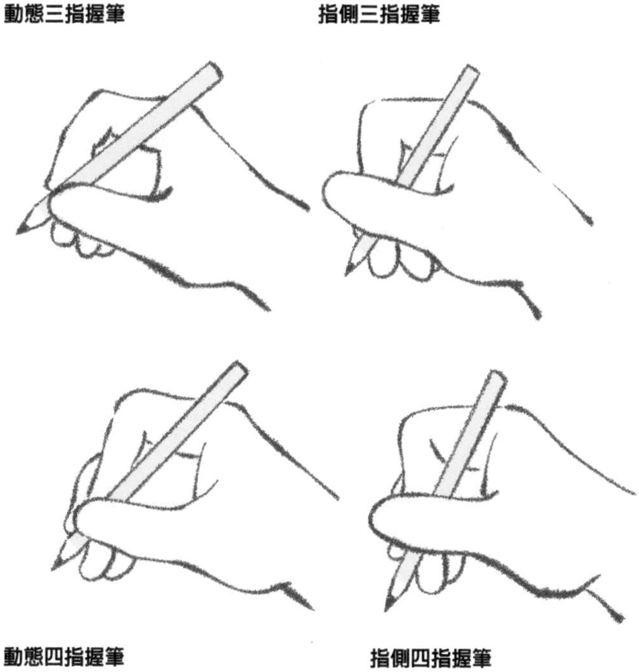

動態三指握筆

指側三指握筆

動態四指握筆

指側四指握筆

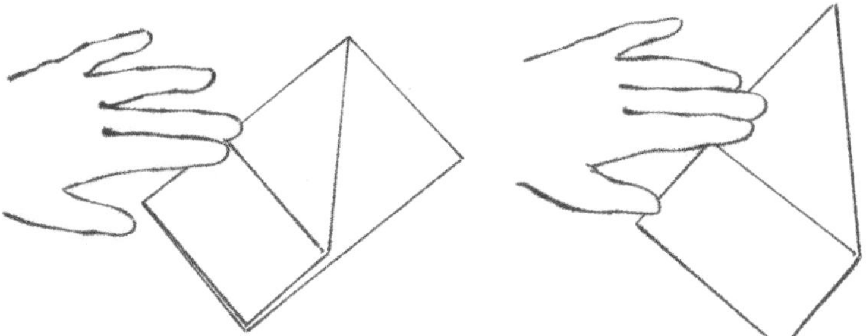

★訓練方式

針對雙手協調跟*手眼協調部分，我們可以更著重在握筆時各角度的控制，橫線（左至右、右至左）、直線（上至下、下至上）、斜線、曲線等，剪刀操作時雙手能否協調地同步進行不同事項。

★特別注意

剪刀使用上需特別注意安全，雖然小朋友在操作上的經驗增加，但是考量安全以及手型，此階段建議家長還是使用兒童剪刀練習！

五～六歲精細動作及視動整合發展重點

1. 促進雙手及手眼協調能力

讓我們來看看有哪些遊戲可以促進這個階段孩子的發展吧！

1. 促進雙手及手眼協調能力

遊戲設計原則：

★增加雙手手指同時做出不同動作的經驗

★以「瞄準、對準」爲原則，對準確度的要求更高

a. 剪刀變變變升級版

引導方式：

準備兒童剪刀以及圖畫紙，在紙張上畫出形狀較小、較複雜的圖形，圖形內需要含有大量的曲線、稜角，讓小朋友練習如何轉動紙張。家長可以在旁引導孩子如何判斷紙張轉動時機以及角度，示範或是直接帶著孩子練習，圖形可在網站上直接找尋孩子喜愛的卡通人物，以提升孩子的興趣、增加練習的次數。

練習關鍵：

剛開始因爲經驗不足，所以需要家長多協助孩子把剪刀移動到正確位置，並告知刀片與黑線要對準，等孩子經驗較多時，改爲用口語引導孩子在轉彎的地方稍微停下來，先確認剪刀該如何擺放後再繼續剪。

b. 描線好好玩

引導方式：

準備蠟筆以及圖畫紙，家長可以在紙張上印出較複雜的圖形（如左圖），圖形內需要含有大量的曲線、稜角，讓小朋友練習控制蠟筆到各個位置。家長可以先挑曲線較少的圖形練習，曲度不超過五十元硬幣大小，等小朋友的能力提升，則可以把曲度變大（十元或五元硬幣大小）。記得挑選孩子有興趣的圖案練習喔！

練習關鍵：

針對剛開始練習描線的孩子，虛線的間隔不要太遠，線條間盡量避免重疊。家長也可以將圖案進行分級，能力較好的孩子家長可以將點點加上數字或字母，除了訓練精細動作也可以結合認知活動

c. 一起摺紙吧

引導方式：

準備各種顏色的色紙，挑選可以在二～三個步驟內完成的摺紙圖形。家長可以一步一步示範，再教導孩子如何自己摺，過程中要求孩子需要對準紙張邊緣。

練習關鍵：

家長可以先將步驟簡單化、把對折時需要瞄準的線用麥克筆加粗，讓孩子清楚理解步驟的內容，教導時每次以一個步驟爲主，從簡單、少步驟的圖案開始練習，以正方形對折成長方形開始練習。

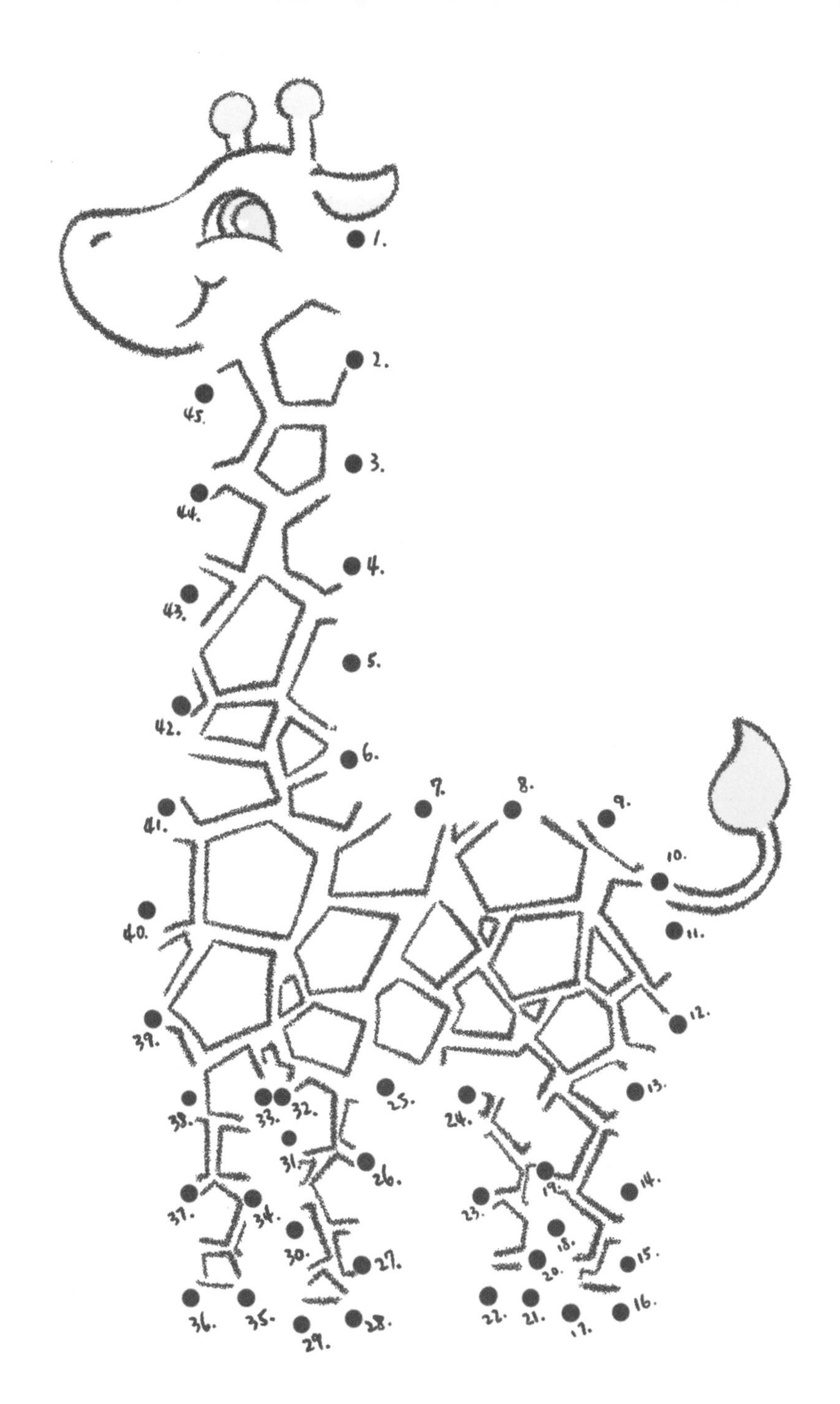
1.
2.
3.
4.
5.
6.
7.
8.
9.
10.
11.
12.
13.
14.
15.
16.
17.
18.
19.
20.
21.
22.
23.
24.
25.
26.
27.
28.
29.
30.
31.
32.
33.
34.
35.
36.
37.
38.
39.
40.
41.
42.
43.
44.
45.

四、認知語言能力

五～六歲的孩子正處於學齡前的最後階段，所有基礎的認知及語言能力幾乎都已具備。語言方面，孩子們能更清楚地表達自己的想法和經歷；認知方面，這個階段是專注力和問題解決能力的關鍵時期。孩子們的發展將深刻影響入學後的表現，也是他們邁向獨立的重要里程碑。現在就讓我們一起來看看如何幫助這個時期的孩子們吧！

五歲～六歲

★發展表現

五～六歲的孩子在認知和語言方面已具備基礎能力，但重要的是大腦的*執行功能正在快速發展，執行功能主要包括*認知彈性、*工作記憶和*訊息抑制等能力。這些能力的發展使孩子更能表達自己的想法和需求、理解團體規範，以及揣摩他人的意圖。

認知彈性是指形成想法，並在不同的策略之間切換的能力。這個能力對創造力和類化能力有很大的影響，它能夠幫助孩子將學過的概念應用到生活中不同的情境。

工作記憶就像電腦的RAM，可以將記憶訊息更新、操縱並轉變成爲可行的計畫來調整行爲或解決問題。這個能力使孩子能夠更好地運用學過的經驗解決問題。

訊息抑制是一個非常重要的能力，它幫助孩子忽略不相關的事情，專注於需要處理的任務，這個能力使孩子能夠更好地控制他們的注意力，並能更專心的學習。

五～六歲是一個非常重要的階段，這是孩子執行功能發展的關鍵時期。這些功能的發展使孩子能夠更好地理解世界、更好地與他人互動，並更好地控制他們的行爲和思緒。

★訓練方式

爲了幫助五～六歲的孩子發展執行功能與問題解決能力，家長可以提供孩子更多的表達機會，讓孩子能夠表達自己的想法和需求。同時，幫助孩子養成先弄清楚步驟的習慣，讓孩子在做事之前能先思考和規劃。例如：讓孩子先說出自己的計畫，再獨立操作任務。此外，家長也可以與孩子分享解決問題的不同方式，鼓勵孩子多多探索和嘗試，讓孩子在生活中獲得更多的經驗。這些方式都有助於孩子奠定穩固的基礎，爲日後的學習和生活打下基礎。

★特別注意

五～六歲的孩子看起來已經很成熟，但由於他們的執行功能還在初步發展階段，因此專注力和應變能力都還有很大的提升空間，因此家長在引導孩子時，也不要忘了給予充分的時間和鼓勵，讓孩子能在嘗試的過程中逐漸成長！

五～六歲認知語言能力發展重點

1. 嘗試用不同方式解決問題
2. 理解條件較多的規則，並在規則稍作變化後仍能快速調適行爲
3. 專注於特定的事情或條件上

讓我們來看看有哪些遊戲可以促進這個階段孩子的發展吧！

1. 嘗試用不同方式解決問題

遊戲設計原則：

★家長說明遊戲目標，但不直接給予解決方式

★家長可以先示範一種解決的策略，再帶著孩子一起發揮創意

a. 過河拆橋

引導方式：

家長準備三塊巧拼或三張 A4 紙、四～五個玩具當障礙物，將障礙物放在地上，中間間隔約十五～二十公分。

引導孩子拿著三塊巧拼從房間一端出發，一次放一塊巧拼後跳到巧拼上，然後撿起第一塊巧拼，繼續放置下一塊巧拼，繞過地上的障礙物直到到達房間的另一頭。建議家長可以先示範活動流程，再帶著孩子進行活動。

練習關鍵：

家長可以讓孩子去與回的時候嘗試不同的路線，也可以在孩子完成任務後，更動地上障礙物的位置，引導孩子思考如何規劃路線避開障礙物。

2. 規則稍作變化後能快速調適行為

★搭配動作讓活動的節奏逐漸加快

遊戲設計原則：

★孩子熟悉規則並練習二～三次後，家長可以更換規則繼續進行

★家長可以跟孩子一起進行活動，以小競賽的方式提升活動刺激性

a. 數數字拍手

引導方式：

家長帶著孩子從一開始一邊數數一邊拍手，開始前先由家長規定數到多少的時候不能拍手，例如：從一～二十，遇到二、四、十的時候不能拍手。可以先從三個數字不拍手開始，依照孩子的狀況適時調整數量，規定的數字越多或拍手速度越快越困難。

練習關鍵：

同一個規則孩子連續答對二～三次後，家長可以更換規定的數字並重新開始。拍手的速度可以由慢逐漸加快，或增加規定的數字來增加遊戲難度。

3. 專注於特定的事情或條件上

遊戲設計原則：

★讓孩子從許多訊息中找出指定的東西

★訊息之間的相似度越高，活動的難度就越高，孩子需要付出較多的專注

★可以利用孩子常閱讀的書籍或是常看的影片，增加孩子的參與度

a. 故事找碴大隊長

引導方式：

家長準備孩子平常比較常閱讀的故事書，規定一些書中常提到的詞，讓孩子聽到這些詞的時候要拍手或做出指定動作。

練習關鍵：

可以先從一～二個關鍵詞開始練習，再逐漸增加到三個關鍵詞，也可以念完一個段落後更換關鍵詞，讓孩子重新記憶規則。

五、社交情緒能力

孩子即將踏入小學的預備階段，許多行爲儼然像個小大人，很多事情能控制的較以前好。這個階段爸媽可以協助孩子探索他們的興趣所在，發展孩子喜歡的領域；在家中，也鼓勵孩子多參與幫忙，給予孩子互相幫助、一起幫忙的自然情境，在往後進入小學或與他人應對時，有適當的社交能力。

五歲～六歲

★發展表現

孩子即將上小學，在面對許多未知的人事物難免會緊張焦慮，這也是他們即將開始與他人長時間建立關係的時候。也是這時期，孩子的社交重心從家人漸漸轉變爲同儕，會很在意同儕說的話、做的事情，很多時候同儕講的話會比家長講的更有用。

★訓練方式

在上小學的前夕，與孩子一起準備書包、文具、到校園逛逛等，並和孩子聊聊他們的心情，有這些預

備動作可以有效降低孩子在轉換新環境的焦慮與緊張。

★特別注意

請家長特別花時間著重於傾聽孩子的想法，了解他們小小的腦袋現在在想什麼，讓孩子了解，爸媽都在他們後面支持著。

五～六歲社交情緒能力發展重點

1. 分工合作完成一件事
2. 較能控制好情緒
3. 培養挫折忍受度

讓我們來看看有哪些遊戲可以促進這個階段孩子的發展吧！

1. 分工合作完成一件事

遊戲設計原則：

★製造需要團體一起才能完成事情的情境

★遊戲中納入分享、輪流、遵守規則或協調環節

a. 盤上疊疊樂

引導方式：

準備一個表面平整且夠堅固的托盤或硬紙板，和一組疊疊樂，請一位孩子拿著托盤／硬紙板，其餘的人分別拿疊疊樂放一塊積木在托盤上，將積木放置成每層三塊，交錯推疊，再把托盤／硬紙板傳遞給下一位孩子，其餘的人再堆一塊積木上去，如此輪流直到蓋好塔堆。蓋好成塔後，請孩子輪流將下方的積木抽出並放在塔的最上層，且不能讓塔堆倒塌。

練習關鍵：

遊戲過程中，孩子們需要大量的溝通與協

調，拿著托盤／硬紙板的人是不是要再拿低或拿高一點、傳遞托盤／硬紙板時手應該要擺放在什麼位置、抽積木時，哪個積木比較好抽等，大家的目標都是不要讓塔堆倒塌。可以改變姿勢增加難度，如從坐姿變成站姿。

b. 我們一起蓋機器人

引導方式：

先用積木做好機器人模板，請孩子二～三個人一組，遊戲開始時，請孩子記住機器人的樣式及用什麼積木拼成的，給孩子三十秒記憶，時間到後將機器人模板收起來。請每組孩子一起討論過後，完成一模一樣的機器人。

練習關鍵：

2. 較能控制好情緒

遊戲開始前先與孩子講好規則，開始前，請每組討論一下，等一下可以如何分工合作才能完成任務。

遊戲設計原則：

a. 我下一次會更好

引導方式：

面對孩子不適切的情緒表達，如口出惡言、動手打人時，讓孩子離開當下的情境，等孩子情緒冷靜後，與孩子溝通，請先用同理的方式理解孩子，像是「你剛剛很想要那個玩具對不對？」、「爸爸看得出來你想要跟姐姐玩」，再讓孩子理解他剛剛做的事情可能會造成的傷害，「但是你剛剛大叫的時候嚇到別人了」、「弟弟被你打的時候他的手好痛」，並且用詢問的方式讓孩子思考有沒有再更好的方式可以同樣達到他的目的，並鼓勵他下次試試看這個方式。

練習關鍵：

這個年紀的孩子，已經可以思考並回答開放式問題了，在溝通時可以多用這種方式詢問。若孩子不會回答，試著給一些提示引導。

b. 避免情緒爆炸：我會好好說

引導方式：

面對孩子的不適當情緒發洩時，在家可以多利用實際演練，讓孩子漸漸往適當的情緒表達邁進。

平時看到雜誌的影像或是電視影片時，引導孩子用結構性的說話方式描述出來，「他現在感覺到（一個情緒，如快樂、生氣……），因爲（原因，發生了某件事情）。」練習在不同的情境下照樣照句，有條理的表達出他人或自己的想法／情緒。

練習關鍵：

孩子在有情緒的情況下，往往很難表達清楚原因，可以先在平時日常生活中，練習用同樣的語句結構性的表達，當下次孩子再有情緒狀況出現時，可以更懂得如何好好說話，家長才可以更進一步的和孩子討論，未來生氣時該如何解決或減少情況的發生。

3. 培養挫折忍受度

遊戲設計原則：

★改變平常的規則

★建立自我價值感

a. 輸也很棒

引導方式：

偶爾顛倒平常玩遊戲的方式，像是本來「終極密碼」遊戲是由猜到數字的人輸了，改成猜到數字的人就贏了；或是遊戲由猜拳贏的人先開始，改成猜拳輸的人先開始，改變孩子對於什麼都要贏、贏才是棒的想法。

練習關鍵：

很多時候孩子對於輸贏這麼看重的原因是因爲外界或家長的反應導致，家長在面對這種事情的時候，應當用平常心去看待。在遊戲上，也適用改變平常大家印象的遊戲規則，讓孩子了解，輸也沒有什麼，有時候也很棒。

b. 我今天很棒

引導方式：

每天睡前與孩子聊聊天，請他們回想今天做的很棒的三件事情，事情要具體。也請家長給予回饋，有時候孩子想不到，家長可以補充孩子沒有注意到的優點，內容盡量說出特質而非分數或物質的東西。

練習關鍵：

一整天下來，孩子難免也有做不好的地方，當然也可以一併提出來討論，但請家長針對事情而非人，否則久而久之，孩子對自己也會有父母對他的刻板印象。

六、生活自理能力

這年紀的孩子已經是幼兒園的老屁股，對於學校事務、日常該做的事情有一定的熟悉度。距離上小學的時間開始倒數，家長可以留意孩子基本的日常生活能力是否能夠自己順利完成，像是穿脫衣物、吃飯用膳、刷牙洗臉等，培養日常生活能力並養成規律好作息，可以讓孩子能夠在未來上小學更加順利！

五歲～六歲

★發展表現

孩子在這個年紀除了應該要學會基本的日常生活能力外，家長可以更加留意孩子做的品質，像是能夠自己上廁所但是屁股是否能夠擦得乾淨、可以刷牙但是是否有正確清洗牙縫等，這可以建立孩子良好的衛生習慣，減少未來可能產生的疾病。另外，即將上小學，家長能夠在孩子的身邊也會逐漸遞減，務必加強孩子「安全性」相關的觀念，像是如何過馬路、怎麼保護自己的身體，提早的教導可以讓孩子遠離危險。

★訓練方式

在日常生活中，多留意孩子平常做事的狀況，從旁口頭提點，甚至可以創造口訣，讓孩子方便記憶。安全性的部分，在家實際演練幾次，讀相關繪本，孩子會更有概念。

★特別注意

每個小孩的屬性都不同，孩子是個小心翼翼的人或者是大剌剌的人呢？都可以從平時的日常生活中看出。若是孩子做事品質沒有這麼好，是因爲對於這件事情無所謂或是沒有注意到呢，我們可以試著分析背後的原因，從原因去著手加強品質的改善。但也別忘了，孩子能夠獨立一路走來本來就不是件容易的事情，若孩子能夠自理完成日常生活的某些事情，家長也別忘了給予大大的鼓勵。

五～六歲生活自理能力發展重點

1. 可以自己完成刷牙步驟且刷乾淨
2. 能夠安全到住家附近熟悉的地方，如：巷口便利商店

讓我們來看看有哪些遊戲可以促進這個階段孩子的發展吧！

1. 可以自己完成刷牙步驟且刷乾淨

遊戲設計原則：

★訓練手腕穩定度

★確認刷牙品質

a. 我是「壁」卡索

引導方式：

白紙畫上一個人的五官和臉型，畫好後將白紙黏在牆上，請孩子用圓形貼紙代表頭髮，將貼紙貼在白紙上作畫。或者也可以直接用筆請孩子在白紙上畫頭髮。

練習關鍵：

牙齒是3D立體面，刷牙時，手腕必須彎曲或伸直各個角度才能將每顆牙齒刷得乾淨，這也是四歲以下孩子自己刷牙較爲困難的原因，他們看起來很認真刷，但小肌肉尚未發達完全，手腕穩定度不足，最後刷的都是門牙的同一面。平時孩子都在桌面上作畫，可以運用到前臂的支撐，若是改做在垂直牆面作畫，可以充分訓練到孩子手腕的穩定度。

b. 消滅牙菌斑

引導方式：

家長可以在紙上畫出牙齒的形狀，並在上面塗上不同的顏色，讓孩子用白色的顏料把她蓋過去，跟孩子一起消滅牙齒上的細菌。在生活中可以購買牙菌斑顯示劑，將五～八滴牙菌斑顯示劑滴入約八cc的清水中，請孩子以漱口方式八～十秒後吐出，若牙齒表面有紅色的，代表的就是牙齒上有細菌，給予孩子視覺回饋，讓孩子了解每天刷牙的用意所在，並請他們將有細菌的地方清洗乾淨。孩子用牙刷清洗後，在此使用牙菌斑顯示劑，加入清水漱口，確認牙齒沒有紅紅的，才算清洗乾淨。

練習關鍵：

孩子在清除牙菌斑的過程中，有能夠透過視覺回饋和感覺回饋，了解到平時應該如何刷牙、力道的大小才能夠將牙齒刷乾淨，經由牙菌斑顯示劑的確認，孩子的刷牙品質能夠更好。

2. 能夠安全到住家附近熟悉的地方

★看懂馬路號誌

遊戲設計原則：

a. 我是安全小行人

引導方式：

帶孩子實際到馬路街口，實際讓孩子感受車子呼嘯而過的聲音、號誌的聲音，讓孩子視覺聽覺實際感受到路口的繁忙與危險性。教導孩子過馬路應注意的事項，馬路上不要跑、等待紅燈時往裡面站一點避免危險、綠燈過馬路時一手舉起讓行車的人看見等。

練習關鍵：

馬路安全一直是中低年級安危很大的議題，盡早提前教導孩子這方面的知識安全絕對是好的，平時可以以繪本為輔，學習如何看號誌、馬路上的注意事項等，實際臨場體驗也是重要的，也請家長務必以身作則，一起為孩子的安全做努力。

第七章：學前能力訓練

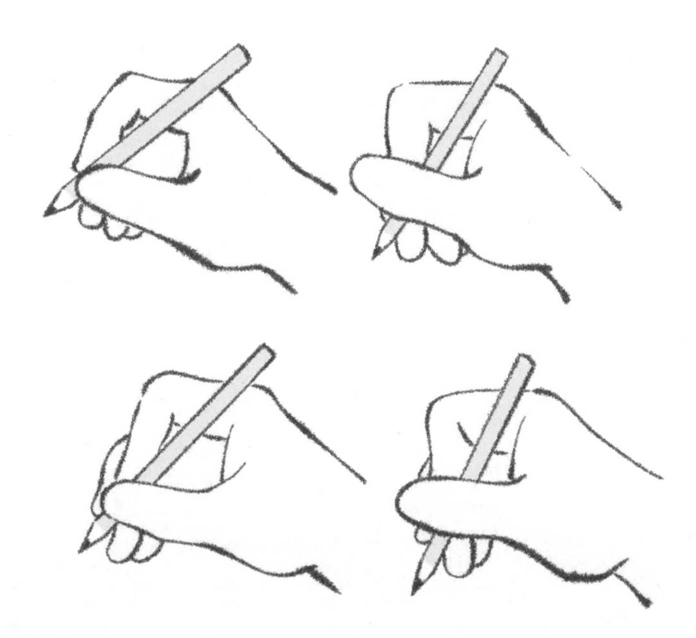

一、書寫

書寫是孩子上學後需大量使用的能力，現在的孩子比起以往更早被期待可以拿起筆進行書寫，很多家長非常在意孩子寫字的能力，常覺得孩子的字跡像鬼畫符，但你知道嗎？其實畫得好才是寫得好的關鍵！

書寫任務需要許多能力的配合，包括肢體控制的穩定度、成熟的手部功能、*手眼協調能力、注意力持續時間……各種能力缺一不可。書寫的先備能力其實是畫畫，在開始學習寫字前孩子應該具備什麼樣的書寫能力呢？鬼畫符是正常的嗎？這時期的孩子到底應該要寫得多漂亮呢？家長又有什麼應該注意的地方？讓職能治療師來跟你一起看看這時期的孩子應該要有什麼樣的表現，以及如何訓練孩子的書寫吧！

幾歲可以開始寫字？

書寫能力與孩子手功能發展息息相關，要學寫字首先要學會握筆！我們在前面章節的精細動作部分提到，孩子在大約五～六個月的時候開始喜歡玩抓握的遊戲，一歲左右開始對筆產生興趣，一～二歲的孩子喜歡塗鴉，二歲以上握筆姿勢則會逐漸發展成熟，並能學習控制筆觸，隨著認知以及手部功能發展，孩子在二歲後能學著進行仿畫，從線條到簡單圖形，大概到四歲左右孩子可以開始進行數字、字母、注音等等

「符號」的仿寫，而這些符號正是書寫「文字」的基礎。所以到底幾歲可以開始寫字呢？大約四歲的孩子就可以開始練習簡單符號的書寫囉！

書寫需要什麼能力？

很多家長覺得孩子字寫的醜一定是因為手功能不好，手功能的成熟當然是書寫成功最重要的關鍵之一，好的握筆姿勢、精巧的手指控制以及穩定的手腕都是缺一不可的元素，但其實書寫不只需要良好的手部控制能力，足夠的肢體穩定度可支持孩子進行書寫、適當的專注力使孩子能完成書寫任務而不是寫到一半就中斷、成熟的*手眼協調能力讓孩子可以將看到的圖案依照想像的位置複製並輸出。所以，寫出漂亮的字並不是一件簡單的事情，寫好字其實一點都不容易呢！

遊戲設計原則

★坐姿／站姿穩定度：讓孩子可以在穩定的同一姿勢下完成書寫的任務，也就是不會屁股長蟲或腳底長蟲扭來扭去的寫字

★手腕穩定度：讓孩子可以維持在手腕穩定不晃動的狀態下進行書寫

★手指肌力：讓孩子不會容易一下下就感覺到疲憊進而無法維持正確書寫姿勢

★手指靈巧度：讓孩子可以自由的運用手指操控筆而不會因控制能力太差而需用手腕或大關節進行書寫

★手眼協調能力：讓孩子可以自在的將眼睛蒐集到的線索與手部動作進行配合

居家小遊戲

1. 攻城堡

將孩子分成兩隊，用膠帶貼出射擊範圍，將積木立於桌上，讓孩子用正確的握筆姿勢握住筆並用筆尖將彈珠射出，率先擊倒對方所有積木的隊伍及獲勝。

2. 挖寶藏

讓孩子將十顆彈珠埋入黏土內，完成後限定孩子僅能使用兩根手指將彈珠挖出，最快將所有彈珠都挖出來的人獲勝。

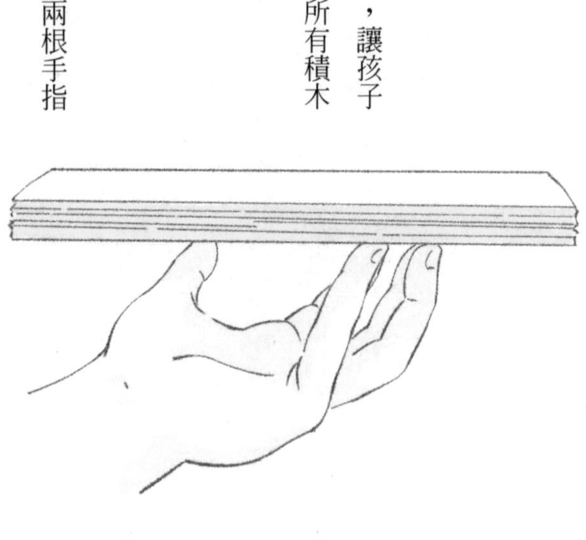

3. 手指大力士

讓孩子想像手上抓了一顆大大的球，手指成弧形爲預備姿勢，接著將書本一本一本放上孩子的手指上，需用指尖頂住書本，看誰可以撐住最多書本即爲獲勝。

4. 手指高爾夫

將十八個橡皮筋放在桌上，爲橡皮筋編號一～十八，讓孩子用正確的握筆姿勢將彈珠依序彈至橡皮筋內，最先完成十八個橡皮筋的孩子就獲勝。

除了上述的遊戲，在家裡其實也可以將書寫訓練結合日常生活的活動，像是將便條紙貼在牆上，讓孩子將要記下的事情寫在便條紙上，要在牆上寫字孩子就必須立腕，這是一個很好訓練孩子手腕穩定度的活

動，存錢的時候也可以請孩子將所有硬幣放在手心內，只用前兩根手指將硬幣投入存錢筒內，運用這些小活動在日常生活也可以訓練孩子的手功能，讓他的書寫能力更上一層樓唷！

二、閱讀

對於即將邁入國小學齡階段的孩子，閱讀是必不可少的重要活動，也是影響往後學生生涯的重要能力。透過閱讀，孩子們將快速累積更多知識，閱讀的品質也大大影響學業及考試的表現，就讓我們一起來看看這個階段的孩子常會遇到什麼問題，以及如何幫助孩子建立這個重要的能力吧！

常見的閱讀問題

孩子在閱讀故事文章時，最常見的狀況是容易跳行漏字，雖然大人可以透過前後文推測文章大概的意思，但對剛開始練習閱讀能力的孩子而言，跳行漏字往往會造成孩子無法理解句子及文章的意義，不僅需要花更多時間才能完整閱讀，更可能造成孩子曲解需要學習的內容，影響學習效率，孩子也容易在過程中感到挫折。

除此之外，有些孩子在閱讀時容易看錯字或相近字混淆，也是剛學會書寫閱讀的孩子常遇到的另一個問題。例如有些孩子常將「力」看成「刀」，一點點的差異往往會造成許多笑話，同時也容易造成孩子語意理解時出現問題。

有些孩子可以準確地說出句子及文章中的所有字，不會有上述的跳行漏字或區辨字形的困擾，但讀完之後就是無法將文字內容充分吸收表達，或是語意理解常常會和大家不大一樣。這種類型的孩子往往在剛入學的時候比較難察覺，但隨著年紀漸漸成長，閱讀理解所需的時間就會越來越多。

這些閱讀上常見的問題，背後其實都是因爲孩子在眼球動作或認知上的發展狀況，讓我們一起來看看到底爲什麼會有這些狀況吧！

閱讀需要什麼能力？

孩子閱讀時容易跳行漏字，與孩子的眼球追視動作、*工作記憶能力及*訊息抑制能力有關。眼球追視的動作品質，會影響閱讀時的精確度及速度，而*工作記憶及*訊息抑制能力，則會影響孩子在閱讀時的專注表現及對文字細節的掌握程度，眼球動作、*工作記憶及*訊息抑制能力由大腦的前額葉控制，結合眼球動作及專注訓練，將能有效的減少孩子在閱讀時的跳漏情形。

孩子在學習國字時，大多是以「圖像」的方式辨認及記憶字的形狀，所以*工作記憶能力及視知覺中的「*視覺區辨」能力

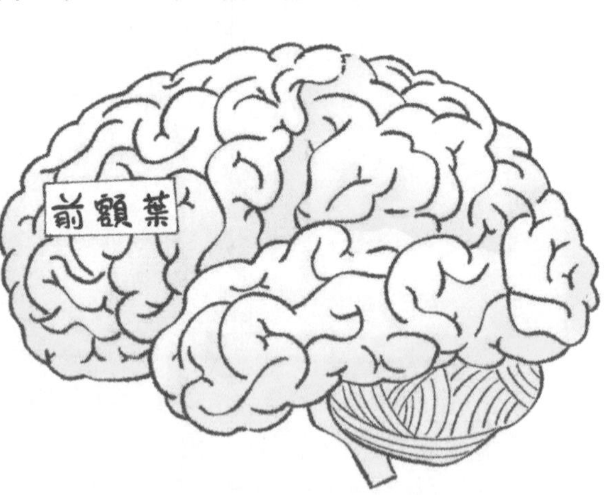

便會影響孩子辨認國字的速度及品質。在孩子學習國字的初期，家長除了讓孩子辨認字的形狀及筆劃順序外，一邊念出字的讀音，並用造詞的方式學習，更能夠加深孩子對這個字的印象及連結。例如學習「果」這個字時，寫完一次馬上帶著孩子造詞，如「蘋果」、「奇異果」，甚至是描述一下這個詞彙的樣子，更能讓孩子理解字的用法而非單純記憶字形，幫助孩子記得更好更久。

而句子理解的能力則和孩子的*工作記憶及*組織計畫能力有關，是大腦在接收完所有訊息後的訊息整合過程。*工作記憶的能力幫助孩子將內容轉化成記憶；*組織計畫的能力則幫助孩子學習與統整，這兩種大腦功能都在學齡階段開始快速發展，也是影像學習表現的重要功能。

遊戲設計原則

★閱讀跳行漏字：順序觀察、眼球追視

★相近字易混淆：記憶連結策略、在相近的物品中找出不一樣的細節

★無法理解句子：了解事情的步驟順序、計畫步驟

居家小遊戲

1. 閱讀跳行漏字

1) 順序觀察：積木仿拼、仿串珠等

2) 步驟轉換：在順序觀察過程中加入條件任務，進一步加強孩子的專注品質，例如顏色轉換任務，當孩子看到指定的顏色時，需要先換成另一個顏色再仿拼（例如所有紅色的積木都要換成藍色的）

2. 相近字易混淆

1) 記憶策略：利用造詞方式，幫助孩子區辨字形的同時，更能夠加深對不同字的印象

2) 視覺活動：跟孩子一起玩大家來找碴、尋寶遊戲等活動，訓練孩子的視覺區辨能力

3. 無法理解句子

1) 步驟順序記憶：在日常生活中，帶著孩子計畫並說出事情的步驟順序，例如吃完飯後的收拾任務，讓孩子先思考要完成這項任務需要甚麼步驟，說出所有步驟順序後再操作

2）步驟規劃：可以跟著孩子一起培養時間規劃的習慣，先列出需要完成的活動，估計需要花的時間，再將每個時間點要完成的事情寫在筆記本或白紙上

三、注意力

在孩子進入幼稚園前，許多家長開始擔心孩子在上課時會不會東張西望、放空、甚至是離開座位，其實孩子是否有注意力的問題這件事情是需要透過觀察並排除其他可能原因才可以確定的，例如：共享式注意力發展、感覺統合發展、後設認知發展、各類感官知覺發展等。

五大注意力介紹

依照 Sohlberg and Mateer 兩位學者所提出的理論，將注意力分成五種以幫助家長分析、理解孩子是哪種注意力表現不佳，並且透過注意力小遊戲來改善孩子的注意力表現。

1. 集中性注意力（focused attention）

是最基礎的注意力，用來接收從環境的各種感官訊息，亦等同於「將焦點放在特定目標的能力」，此能力是投入一項活動的先備條件。例如：玩遊戲時需要仔細觀察同學的動作、聞到香香的飯菜時能注意到、看到行人專用號誌的小綠人閃爍時能加快腳步通過馬路。

2. 持續性注意力（sustained attention）

是一個會隨著經驗及發展而增加的能力，用來維持長時間的專注力。可維持的長度也和當下的環境組成物、指令的結構是否明確、任務的難易程度、個人的身體狀況等等相關，亦等同於「投入在活動中維持一段長時間專注的能力」。例如：坐在位置上安靜的完成一項作業、上課專心聽講。

3. 選擇性注意力（selective attention）

是一個可以在多種刺激物（訊息）中專注於特定目標的能力，亦等同於「環境中有多個刺激源（訊息），可以選擇特定目標維持注意力的能力」。此能力需要在大腦裡將大量的訊息進行過濾及篩選，在學習上扮演重要的角色。例如：可以專注在寫作業上不被電視聲音吸引、在馬路上可以忽略其他雜音注意到車子的喇叭聲。

4. 交替性注意力（alternating attention）

是一個可以在兩件事情中來回轉換注意力焦點的能力，亦等同於「在不同目標間轉換注意力以完成一項任務的能力」。此能力對學習初期的各種模仿、抄寫息息相關。例如：在上課期間將老師書寫在黑板上的字抄寫在聯絡簿上、玩積木時對照範本將圖案完成。

5. 分散性注意力（divided attention）

是一個當環境中出現多種刺激或目標時可以同時注意並產生對應的行爲表現，亦等同於「一心多用的能力」。例如：邊聽老師說的內容邊寫在紙上、邊奔跑邊注意周遭環境。

事前準備

在設計遊戲之前，需要先對孩子進行觀察、分析，先了解孩子的能力，並根據環境內的配置、已有的道具或材料，再利用每個注意力的設計原則來設計屬於孩子的小遊戲。

★ 確認孩子的精神狀況／身體狀況是否穩定，包含情緒控制、睡眠品質、是否生病等等，這些都會影響注意力的表現。

★ 判斷孩子在哪種情境下的注意力表現較差，並試著分析可能的原因，例如：燈光是否足夠、是否有閃

持續注意力發展

- 2歲：4~6分鐘
- 4歲：8~12分鐘
- 6歲：12~18分鐘
- 8歲：16~24分鐘

爍的亮光吸引孩子、周遭有沒有其他聲音等等。

★觀察孩子在遊戲中的表現，透過定義分析孩子是哪種注意力表現不佳、是否有其他因素導致注意力表現不佳，例如：活動太簡單／困難、是否聽懂指令。

★設計注意力小遊戲，依據下方各類注意力的設計原則設計一個屬於您與孩子的小遊戲。

遊戲設計原則

根據上述發現，每個注意力的定義不同，每個孩子所缺乏的注意力也不同，可能只有一種注意力不足，也可能會有兩個以上的注意力不足的情況喔！因此在分析完孩子行爲問題背後的原因後，我們可以透過以下的原則來設計小遊戲給孩子練習喔！

★持續性注意力：將注意力持續放在同一個刺激上

★選擇性注意力：活動中需要有超過一個以上的刺激源

★交替性注意力：在兩個以上的目標或刺激中來回轉換

注意力發展

0-1歲	稍縱即逝的注意力	注意力持續的轉移	注意力持續的轉移多半非自主
1-2歲	固定的注意力	非常專注於手上的活動	認真時好像進入自己的世界
2-3歲	單一的注意力	可專注於單一活動	可經由大人的協助轉移注意力
3-4歲	專注性注意力	孩子可以自主控制注意力	僅能專注於單一任務
4-5歲	分散性注意力	孩子可以專注於兩件以上任務且不會停下任一活動	
5-6歲	整合性注意力	孩子可以在不同任務間轉移注意力且[illegible]	

★分散性注意力：活動中需要有多種目標物或刺激源

居家小遊戲

1. 持續性注意力

1) 靜態活動：拼圖、親子共讀、組裝拼圖等

2) 動態活動：丟接球、攀岩等

3) 日常生活活動：收書包、幫忙備菜、折衣服，從生活中練習，一起創造親子時光

2. 選擇性注意力

1) 視覺活動：報紙找國字、東西藏在哪等

2) 聽覺活動：聽到指定數字要做指

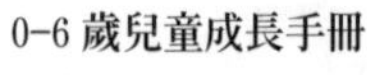

定動作、沒有音樂時要回座位等

3. 交替性注意力

1）幼幼班～小班：大家來找碴、黏土仿作、積木仿拼（三個積木的簡單組合）等

2）中班以上：仿畫組合圖形、仿寫國字／字母／注音、仿拼（多個積木的立體組合）等

4. 分散性注意力

1）靜態活動：心臟病、喊名字、大富翁等

2）動態活動：鬼抓人、紅綠燈、跳繩等

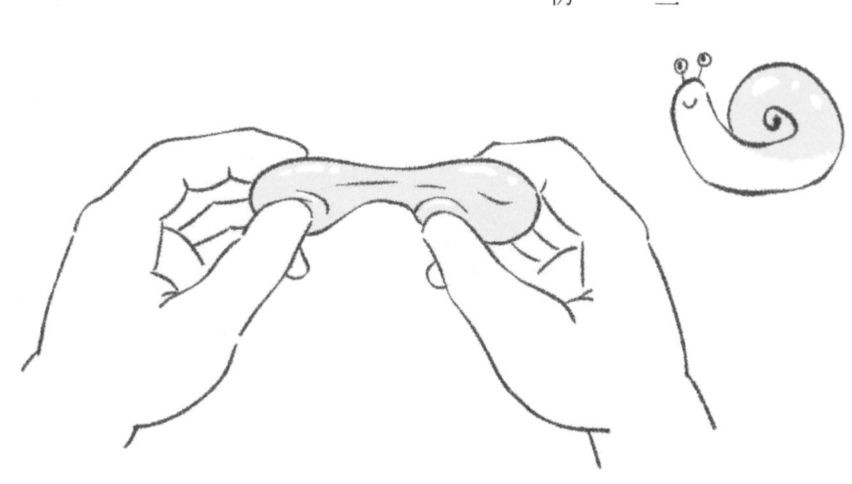

四、團體適應

隨著孩子進入幼稚園後，開始有更多機會與其他同儕互動，瞭解團體規範、社交互動技巧，例如：跟著大家一起排隊洗手拿點心，學習輪流與等待；遊戲過程中，需對各種不同情境及事件做出對應的回應，培養出更複雜的社交能力。

然而進入國小後又是另一種挑戰！孩子必須能跟著團體一起從事各種活動，上課時安靜坐在座位上聽講、與同儕建立友誼、下課時與同學一同玩耍，少了家長的幫助，吃飯、上廁所、整理書包等等事情都要靠孩子自己來，因此建立規律的生活作息及自主獨立能力相當重要。

社交互動技巧

首先，我們應該要先觀察孩子與其他同儕互動的情境及表現，了解孩子的困境才能從中引導技巧、改變互動模式，可以在日常生活中觀察孩子是否有以下狀況：

★ 在團體遊戲中，每次分組都是自然而然形成的，觀察孩子有沒有找到一起玩樂的同伴？或是平常有沒有一起玩的同儕？

★一起玩樂的過程中，孩子是否開心？互動過程是否順利？還是經常發生爭執？

★遇到爭執時，孩子會怎麼處理？是退縮逃避、生氣鬧情緒丟東西、站在原地不知所措？還是會請求大人協助、嘗試找到其他方式、與他人溝通討論？

若您的孩子在以上情境往往都是較為退縮、情緒化的，那可能表示孩子目前無法自行解決遇到的困難，此時，就需要家長近一步教導及引導啦！

★**引導孩子認識自己**：請家長要經常以肯定、認同的方式面對孩子，使孩子獲得足夠的愛，讓他們的自我認同提升、變得更有自信，能用更正確、健康的方式交到好朋友。

★**善用繪本、角色扮演練習**：可以使用繪本、遊戲的方式，讓孩子練習觀察他人的行為及表情、學習良好的互動模式並效法、嘗試表達自身的情緒以及需求，也可以透過角色扮演的方式，學會站在他人的角度思考、覺察自己的情緒、建立同理心，不用哭鬧或暴力來解決問題。

★**多觀察、多思考、多討論**：當孩子與同儕發生衝突時，家長可以先聆聽孩子的陳述，協助孩子釐清事件發生的過程及原因，不過度的指責或批評，並引導孩子共同討論解決方案。當然，當孩子在社交上遇到挫折時，應該先放手讓他自己嘗試一陣子後再與之討論，給予孩子獨自面對的機會。

★**做孩子的範本**：大人的一舉一動都是孩子模仿的主要來源，因此，藉由大人間的互動讓孩子學會良好的社交互動方式。例如：在日常生活中，家長可以示範如何與他人打招呼、互動，孩子可以在旁觀察並將社交禮儀融會貫通在生活中。

建立規律的生活作息

規律的作息對於孩子而言是非常重要的！不只可以保持精神良好，也能保持注意力學習到更多知識。上了小學後，生活作息與幼稚園不同，例如：待在學校的時間變長、每堂課程的時間變長、課程內容都是知識學習、放學後有回家作業要完成，因此家長可以在進入國小前先把孩子的作息建立好，減少上學期間的困擾。

上學需要建立的生活作息：

★ **早睡早起**：小學的到校時間通常比幼稚園早，家長可以在孩子尚未入學前，先了解學校的到校時間，推測出每天的睡覺及起床時間，與孩子共同討論每個事情需要花多少時間？什麼事情是每天必須都要做的？協助孩子建立作息時間表，提前把作息調整好。

★ **等待與專注**：從幼稚園到小學，最需要練習的部分就是等待！在幼稚園中，能有多個老師同時照顧，反之，小學卻是每班三十幾位孩子但只有一位老師負責；在幼稚園中，孩子不受課堂時間限制、較能自由活動，小學每堂課程的時間比幼稚園長，且不能隨意走動、需要專注在學習上。因此，家長可以在入學前先練習孩子的持續度，以「坐在位子上，做自己喜歡的事情」能維持十分鐘爲基準，慢慢增加時間至二十分鐘，最終以三十分鐘爲目標。

★**課堂規範**：進入國小後，每個團體、每個教室內都有專屬的規範需要遵守，孩子必須理解裡面的條文並遵守規定。家長可以先在家中練習與孩子一同制定家庭規範，並以身作則共同遵守，讓孩子能理解規範的重要並且謹記在心。

與孩子一起面對

對孩子而言，面對新的人事時地物總是既期待又怕受傷害，難免會感到新的焦慮或害怕。當孩子有這些感受時，家長可以嘗試以下方法來幫助孩子度過：

努力向上一周作息表

時間＼日期	星期一∼五	星期六	星期天
5:00	起床！		
6:00	預習課文一小時		
上午	上學	鋼琴課	畫室
下午	上學	書法班 游泳課	畫室 畫室
19:00∼20:00	一起看新聞		
20:00∼21:00	英語閱讀	練習毛筆字	英語會話
21:00∼22:00	完成回家作業	完成回家作業	看課外讀物
23:00	睡覺 Z Z		

★傾聽、歸納、總結：當孩子有一些情緒行爲發生時，爸媽很常會直接開罵或是處罰，但換個角度想，當我們面對新環境時又何嘗不會感到無助跟恐慌呢？給予孩子一個機會表達自己的情緒，我們可以當個傾聽者，了解他的想法並且幫他整理好情緒，最後鼓勵他繼續前進。

★多給予正向的期待：多引導孩子思考上學的好處，例如：可以交到新朋友、有很多好玩的遊戲，誘發孩子的好奇心跟動機，在探索中給予多一點信心，讓孩子學習獨自面對。

★多花時間陪伴孩子：此時的孩子正是最不知所措的！每天都有可能因爲新的狀況而感到焦慮，因此，家長可以在睡前與孩子回顧今天發生的事情，不只是親子互動的時間增加，更是讓孩子有個時間跟機會可以發表自己的想法。

CHAPTER 8

第八章：遊戲設計表

在前面的章節中，我們談了許多關於孩子發展的資訊，也提供了一些遊戲給大家參考，那我們自己在家設計遊戲時，又有那些細節要注意呢？怎麼設計遊戲才能符合需求訓練到孩子的特定目標呢？職茁提供給家長們一些小妙招以及遊戲設計表，讓家長們知道在進行遊戲設計的時候要注意那些事項！

關於遊戲設計的那些小事

一、確認目的

二、確認年齡及目標能力

三、確認形式

四、遊戲分級

五、環境安全檢查

步驟一、確認目的

什麼！玩遊戲還要有目的？會不會太累啊！玩遊戲就是玩遊戲啊！

不知道你有沒有發現前面所提供的遊戲都有特定的訓練目的？其實並沒有想像中這麼複雜，「開心」也可以是一種遊戲目的，只是若我們希望能藉遊戲訓練孩子的某些能力，那麼我們就要定義清楚了，這樣在設計遊戲的過程中才不會模糊焦點。

所以在開始設計遊戲之前，請家長先在心裡想想，這個遊戲目的是什麼？是想要促進孩子的哪項能力呢？是動作、認知、生活自理、還是……？

建議家長不要一次訂定太多目的，否則很可能就會失去重點，有時候反而不一定是提供給孩子他需要的活動唷！

步驟二、確認孩子年齡與目標能力設計原則

在前面幾個章節我們都有提供不同年齡的孩子應該有那些功能表現，在遊戲設計前也都有提供不同的遊戲設計原則，當你決定好要訓練的遊戲目的之後就可以翻到前面去對照遊戲設計原則，將他填入下面的遊戲設計表內，接著就可以準備來設計遊戲囉！

步驟三、確定遊戲形式

接著就可以開始決定你想要設計的遊戲是動態的還是靜態的，要有幾個人參與，需要多大的空間，需要那些設備以及有那些可進行的形式。

步驟四、進行遊戲分級

在每個步驟裡面可以思考一～二個不同難度的遊戲形式，這樣在孩子覺得無聊或是因爲遊戲太難而受挫的時候家長就可以即時進行調整，在遊戲訓練最重要的一點是，要提供給孩子「最適當難度」的遊戲，比孩子能力稍微多一點點又不會讓孩子因爲受挫而拒絕嘗試是遊戲設計裡面最困難的地方唷！

步驟五、環境安全檢查

在遊戲設計完後記得確認遊戲進行的環境是否安全，若爲大動作的遊戲是否需要將家具移開或是到戶外的場地，若爲較靜態的活動可以觀察一下環境是否過於雜亂會影響孩子活動的品質或專注度。

以下提供給家長們遊戲設計表，閒暇沒事的時候就可以將想到的遊戲寫起來，不知道想玩什麼的時候就可以從你的遊戲設計表裡面選一個你想訓練的能力抽出來唷！是不是既簡單又方便呢！

遊戲名稱	誰大誰小	建議參與人數	一—四	建議地點	任何環境都可執行
		建議年齡	五—八	建議時長	十五—二十分鐘
遊戲目的	一、訓練選擇性注意力　二、強化數字概念				
遊戲形式	遊戲說明			材料	
靜態	跟孩子說明等等要進行的遊戲，讓孩子將數字用不同顏色的彩色筆從一到十填入大小不一的長方形紙條內，畫完之後第一輪限時讓孩子將卡牌從數字大排到數字小，第二輪讓孩子從卡牌大排到卡牌小，第三輪將數字卡牌藏在家裡的不同角落，讓孩子找出來之後依照數字大小加上卡牌大小進行排列（數字大的放前面，數字一樣的話尺寸大的放前面）			大小不一的長方形紙條 彩色筆	
如果要讓遊戲變簡單一點有那裡可以變簡單呢？	一、把數字總量變少　二、把卡牌大小變大				
如果要讓遊戲變難一點有那裡可以變難呢？	一、限時時間變短　二、數字大小變大（從一到三十）				

空白遊戲設計表

遊戲名稱		建議參與人數		建議地點	
		建議年齡		建議時長	
遊戲目的					
遊戲形式		遊戲說明		材料	
靜態					
如果要讓遊戲變簡單一點有那裡可以變簡單呢？					
如果要讓遊戲變難一點有那裡可以變難呢？					

CHAPTER 9

第九章：如何尋求協助？

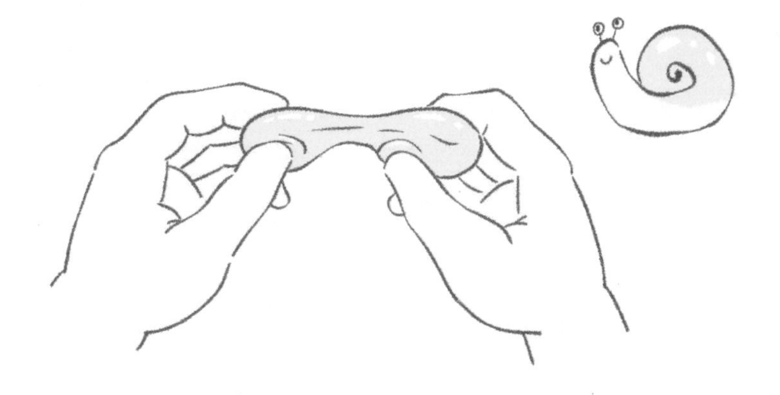

在本書先前的內容中，多半是著重在家長們如何在家中幫助孩子們一起成長發展，然而有時即使在家長的協助下，孩子的發展仍和同齡孩子有落差，這時候也許孩子會需要更專業的協助！若孩子在家長適度的引導下，經過一～一．五個月後，發展狀況仍未有明顯改善，我們強烈建議家長們尋求專業的醫療協助，以幫助孩子盡早達到年齡發展的需求。有些家長可能會擔心孩子若是發展較慢、專注力、情緒行爲上出現狀況，就需要一輩子接受介入甚至是使用藥物治療，但其實孩子們的發展都有階段性，許多孩子經過一段時間的穩定療育後，就能追上其年齡發展需求，往後也能順利跟上同齡孩子的發展，然而最重要的還是早期發現、早期介入，才能幫助孩子在最短時間內達到最好效果！那就讓我們一起來看看目前臺灣常見的資源有哪些，以及在哪裡可以取得這些資源吧！

一、教育課程

在這個網路發達的年代，家長們想要知道孩子們的發展到底有沒有跟上年紀，或在家庭中遇到大大小小的事件，通常都可以在網路上找到一定的資源。但在這些琳瑯滿目的資訊中，到底哪些資源是比較適合孩子的，或哪些資源是比較有公信力的呢？其實近年來許多的醫師及治療師，因應網路世界的發展，也越來越多醫療人員會透過網路來分享專業資訊，家長們在看到網路上的資訊時，可以先查詢提供資訊者的工作背景，若是通過國家考試認證的醫療人員，家長便可以安心的將重心放在觀察資訊內容是否符合家中寶貝們的需求。除此之外，各地區幼兒園及縣市政府單位也有提供許多實體及線上課程，例如：各縣市都有家庭育中心，提供大家線上諮詢，也會定期推出親子溝通、教養家庭資源與管理等相關課程，家長們如果有需要，可以打電話諮詢，或前往各縣市的家庭教育中心尋求資源喔！

另外，在此也要再次推薦各位家長，職茁團隊也有由各位治療師共同建立經營職茁臉書及 IG 粉絲專頁，除了定期會更新與孩子發展相關的各項資訊之外，有需要的家長也可以私訊粉專，治療師們會在工作之餘盡力幫助大家解決孩子遇到的狀況喔！

參考資料

1. 教育部家庭教育資源網－行政資源－全國家庭教育中心資訊

https:\\familyedu.moe.gov.tw\index.aspx

2. 職茁 IG 粉絲專頁

https:\\www.instagram.com\outstanding.ot\

二、專業協助

家長們可以除了可以在家中先透過各種資源，嘗試引導孩子的發展或各種情緒行為的狀況之外，最重要的事，如果發現孩子的發展明顯落後於孩子年齡的需求，最好的方式就是直接尋求專業的醫療協助，提早讓孩子接受專業的協助，能讓孩子在後續的發展上更順暢。

目前臺灣的早期療育系統大致上分成健保單位的早療評估系統，以及自費單位的各地區治療所。

在健保系統中，孩子們需要先經過專門醫療院所的「早療聯合評估」，由醫師、職能治療師、物理治療師、語言治療師、心理師、社工師等，由各種不同類別的醫療及醫事人員共同針對孩子的發展及家庭的支持狀況給予評估及建議，確認孩子現階段的發展及家庭的狀況後後，開立診斷證明，並依照孩子的狀況給予專業的醫療介入。各地區有提供聯合評估的醫療單位不同，建議參考下方資料（參考資料1），尋找最適合孩子及家長的醫療單位尋求協助。

自費單位的部分，則是由各個治療所的治療師進行專業的評估，再依照孩子目前的能力以及家長的需求，給予最適合的介入方式及衛教。與健保體系不同的是，自費治療所不一定需要有醫院的「診斷證明」才能給予協助，而是以更多元的方式，幫助許多介於診斷臨界，但在生活中有需求的孩子及家長。

現今的早療觀念，已經漸漸從「治療」轉為「提早發現及預防」，許多孩子在發展上或在生活中遇到了一些狀況，提早的發現及醫療協助，能讓孩子在更短的時間之內達到應有的能力，且後續的發展也能順利跟上同齡的孩子，因此家長若發現孩子真的有相關的需求，建議儘早尋求專業的協助，讓我們一起幫助孩子及家長度過這段早期療育的黃金期！各地區的早療單位，也歡迎參考下方的資訊（參考資料 2），希望家長們都能爲自己及孩子找到最適合的協助管道。

參考資料

1. 衛生福利部國民健康署－兒童發展聯合評估中心服務聯繫資訊

https:\\www.hpa.gov.tw\Pages\Detail.aspx?nodeid=1602&pid=548

2. 衛生福利部社會及家庭署－各地區療育單位資訊

https:\\system.sfaa.gov.tw\cecm\newsView\detail\279746858

三、早療知識

早療領域相關專業

臺灣的早期療育體系中，結合了許多不同的專業，幫助孩子及家長在療育的路上能獲得更全面、更符合每個家庭需求的協助，也因爲有不同專業的互相合作，才能讓每個孩子跟家庭都能在療育的過程中獲得滿滿的支持，讓我們一起來看一下，早療系統中不同專業負責的領域吧！

1. 復健科／兒童心智科／兒童神經科醫師

在臺灣健保體系中，當孩子跟家庭進入療育系統中，通常第一個接觸到的醫療評估人員是各醫院的復健科、兒童心智科或兒童神經科醫師，醫師透過專業初步評估孩子整體的發展和生理功能，再依據孩子的狀況安排進一步的功能及發展評估，並在最後整合各種醫療人員評估的結果，爲孩子開立診斷或證明，並協助家長了解孩子現階段發展上的狀況與未來療育的方向，統整孩子的療育計畫。

2. 職能治療師

職能治療師在評估系統中，透過自身的專業，評估孩子在精細動作、感覺統合、日常生活、視知覺及社交互動等表現狀況，幫助孩子及家長了解孩子目前發展的狀況。

在療育過程中，職能治療師會分析孩子在生活中因診斷或發展狀況遇到的困難，並透過設計各式相關活動或輔具，幫助孩子一步步學習生活需要的各項技巧，也在和家長衛教的過程中，協助家長了解孩子的狀況，在生活中給予適時的調整或協助，幫助孩子完成日常生活中的大小事。

3. 物理治療師

物理治療師在聯合評估中，能精確的評估孩子在動作上的發展及需求，透過功能性訓練、運動治療及徒手治療，幫助孩子在生活中能順利完成各項動作需求，並透過輔具資源的評估和使用，協助在生理上有困難的孩子們，可以利用輔具達成日常生活所需。

4. 語言治療師

語言治療師是語言誘發和口腔肌肉動作控制的專家。在聯合評估過程中，語言治療師評估孩子的構音、吞嚥、語意理解及表達，並透過口腔動作誘發和認知語言訓練，協助孩子們達到年齡所需的認知語言標準。

5. 心理師

心理師在評估過程中，會詳細的評斷孩子綜合性的認知及智力發展，且會觀察分析孩子的性格特質，協助家長了解在家中和學校對孩子的引導方式。在療育過程中，心理師會透過個別或團體的諮商及治療，引導孩子情緒行爲調適，並協助家長因應孩子的特質調整與孩子互動的技巧。

6. 社工師

社工師在醫療團隊中擔任資源統合的角色，協助家長規劃擬定孩子的療育計畫，並提供各項教育或經濟資源的管道，協助家長規劃最適合孩子的療育方式。

除了上述主要的醫療人員之外，醫院的個管師、護理人員及義工人員，同樣提供各種不同的協助，目的都是爲了幫助孩子與家長能夠提早發現狀況，並提供最適合的療育方式。在療育的路上，因爲有各種專業之間的分工合作，才能更全面、更貼近孩子在生活中遇到的狀況，也才能給予家長們最適當的支持。

常見的診斷類別及引導策略

經過醫療院所的聯合評估，家長們能更了解孩子的特質及療育的方向，但有些家長對醫院給孩子的「診斷」會感到焦慮擔憂，擔心孩子會不會在求學階段中，因爲「診斷」而被貼標籤，或是這個診斷會不會跟著孩子一輩子。

其實，醫療院所給予的診斷，最大的目的是爲了讓家長跟協助孩子的醫療人員或學校老師，可以用最短的時間了解孩子目前的狀況，有些診斷也可能會因爲孩子能力上的進步而有所改變，因此家長們不需要因爲孩子的診斷而過度緊張，了解診斷背後想要提供的訊息，才能快速且貼近孩子的眞正的需求。就讓職茁帶著家長們一起來了解常見的診斷，以及不同診斷孩子的帶領策略吧！

1. 注意力不足／過動症（ADHD）

★診斷標準：

具有以下不專注或衝動—過動的特徵，持續六個月以上，不符合年齡發展階段且對生活或學業造成負面影響。

△不專注：常無法注意細節而粗心犯錯、難以維持專注、容易分心、常無法依照指示完成作業或工作、難以組織活動、常逃離必須要持久心力的工作、常遺失東西、常忘記事情

△衝動—過動：常手腳不停的動或在座位上蠕動、常在需要安坐時離開位子、常在不適合的時機跑來跑去、無法安靜地從事活動、經常話太多、常在未經思考下說出答案、常難以等待或排隊、常打斷他人

★引導策略：

面對注意力不足衝動特質的孩子，家長可以在進行活動前先帶著孩子了解活動的步驟，並請孩子跟著念一次步驟順序，幫助孩子在行動前先思考規則及步驟。另外，也可以參考本書第七章「學前準備」篇章

中對於不同類別注意力的訓練方式！

2. 自閉症類群障礙症（ASD）

★ 診斷標準：

在多種情境中持續有以下社交互動或溝通上的困難。

△ 無法適當的和他人一來一往交談、分享興趣或情感

△ 缺乏非語言式的互動，例如：較少眼神接觸、無法理解肢體語言或臉部表情

△ 難以和他人維持社交關係、對同儕沒興趣

△ 在生活中出現侷限、重複的行為，或興趣、活動模式單一

△ 刻板或重複的動作，例如：重複相同動作、重複排列物品、重複仿說

△ 堅持特定、單一的語言或非語言行為，例如：每天堅持相同上學路線、堅持吃相同食物、對微小的改變感到困擾或不適

△ 過度侷限的興趣

△ 對感官輸入反映過高或過低，例如：明顯對痛覺、溫度反應淡漠、過度喜歡觸摸特定材質物品

★ 引導策略：

對自閉特質的孩子而言，日常生活中微不足道的改變可能都會造成孩子的不適，小到起床後穿衣褲的

先後順序，到上學途中經過的路線。自閉特質的孩子們大多習慣依循相同的生活模式，因此家長要帶孩子到不常去的地方，或是嘗試新的活動前，可以先透過觀看新地點的照片，或是用說故事的方式是先告訴孩子，讓孩子有時間調適自己的情緒，除此之外，認知彈性的練習也有助孩子提升調適的速度。

3. 發展遲緩（DD）

★ 診斷標準：

未滿六歲之兒童，因生理、心理或社會環境因素，在知覺、認知、動作、溝通、社會情緒或自理能力等方面之發展較同年齡顯著遲緩。

★ 引導策略：

發展遲緩的孩子，需要先分析孩子是在認知、動作、情緒還是自理能力部分需要協助，除了在孩子需要的地方給予協助外，也可以引導孩子利用自己優勢的能力來代償。例如：動作發展較慢但認知正常的孩子，可以引導孩子先思考計畫好接下來要做的動作步驟順序，讓孩子在眞正操作時能更流暢。

不同特質與診斷的孩子，在成長的路上所面臨的困難和需要的協助不盡相同，透過醫療人員專業的評估及治療協助，一定能幫助孩子們成長茁壯，也能幫助爸爸媽媽們更了解如何帶領孩子們前進。最重要的是，每個孩子都是獨一無二的，即便是相同診斷的孩子，在引導帶領時都需要考量到孩子本身的氣質及成長背景。因此透過醫療人員專業的分析判斷及用心的傾聽與理解，一定可以爲每個孩子規劃最適合孩子和家長的療育方式。

四、相關補助

政府對於兒童發展及健康相當重視，因此制定了《兒童及少年福利與權益保障法》，法規條例包含身分權益、福利措施、保護措施、福利機構、罰則等，亦有《特殊教育法》保障特殊兒童就學的權益，我們希望透過此篇章帶給家長補助及資源的相關資訊。補助申請方面，各縣市的規定不全然相同，此篇會將多數共有的條件及補助內容納入，詳細規章請參考各縣市社會局網站；鑑定安置方面，則會討論兒童入國小階段的安排。

早期療育補助

★申請資格

1. 設籍在早療補助的縣市，並且已通報兒童發展通報轉介中心。
2. 符合以下資格之一：
   1) 未達就學年齡之疑似發展遲緩、發展遲緩或身心障礙兒童
   2) 已達就學年齡，經特殊教育學生鑑定及就學輔導委員會同意暫緩入學之疑似發展遲緩、發展遲緩

或身心障礙兒童

3. 前項所稱疑似發展遲緩、發展遲緩兒童，是指持有衛生福利部輔導設置聯合評估中心或地方政府認可之醫院開具之綜合報告書（有效期間一報告之有限期限認定）或疑似發展遲緩、發展遲緩證明書（有效期間自開立日期起算一年內為有效）者；所稱身心障礙兒童是指領有縣市政府核發或註記之身心障礙證明者。

★補助項目與標準

1. 療育訓練費

補助對象至衛生福利部公告「各直轄市、縣（市）政府早期療育服務單位彙整表」所列之療育單位，進行健保不給付需全額自費之物理治療、職能治療、語言治療、心理治療、音樂療育訓練、戲劇療育訓練、遊戲療育訓練、舞蹈療育訓練、藝術療育訓練，以實際自費金額計算。

2. 交通補助費

補助對象至衛生福利部公告「各直轄市、縣（市）政府早期療育服務單位彙整表」所列之療育單位，進行健保給付之早期療育項目之物理治療、職能治療、語言治療、心理治療，每次補助交通費新臺幣二百元整，但同一天於同處進行兩次以上療育者，其補助以一次為限。

3. 療育訓練費與交通補助費合併計算，一般戶（含中低收入戶）每人每月最高補助金額為新臺幣三千元整，低收入戶每人每月最高補助金額為新臺幣五千元整。

4. 注意事項

1) 本補助不包含門診、評估、掛號、藥品等相關費用。

2) 本補助不得與「身心障礙者日間照顧及住宿式照顧費用補助」、「弱勢兒童及少年醫療補助」及社會局提供之「社區定點療育及到宅療育」重複領取。

3) 本補助同一月分僅受理申請一次，如須申請兩間以上療育單位，同月分之補助費用須合併申請，已申請過之月分不論補助費用是否已達上限，均不再受理第二次申請。

★申請文件

依據各縣市的申請流程，可分為郵寄申請、親自申請、委託申請、網路申請等方式，申請日期則每個縣市的時間不同，須到社會局之發展遲緩兒童早期療育補助網站上查看。

1. 申請表正本（每次申請皆須檢附）。
2. 交通補助費療育紀錄單（申請交通補助費用）。
3. 療育訓練費收據黏貼憑證單（申請自費療育訓練費用）。
4. 初次提出申請者另需檢附：

1) 兒童戶口名簿或電子戶籍謄本影本（戶籍異動時亦須檢附）。

2) 兒童郵局存摺封面影本。

3) 有效期間內之身心障礙手冊或身心障礙證明影本、一年內開立之（疑似）發展遲緩診斷證明書或有效期間內綜合評估報告書影本（三者擇一即可）（超過有效期間應重新檢附）。

4) 低收入戶證明影本（每一年度第一次申請需檢附，無則免附）。

★申請資格

1. 學前教育階段經各主管機關鑑輔會鑑定之身心障礙確認生。
2. 未經各主管機關鑑輔會鑑定，但持有身心障礙或醫療相關證明者。
3. 非前述情形，但經學校評估確有特殊教育需求者。（由學校及特教教師針對六歲以上兒童現況能力評估是否符合以下十二種身心障礙類鑑定標準，包含：智能障礙、視覺障礙、聽覺障礙、語言障礙、肢體障礙、腦性麻痺、身體病弱、情緒行為障礙、學習障礙、多重障礙、自閉症、其他障礙。）

若取得特教資格可以保障更多的教育權益，將在每學期開學前舉辦個別化教育計畫（IEP會議），讓學校及家長一同溝通與討論兒童的入學準備及適切的教育服務。

★鑑定安置

1. 資源班：依學區入學，學籍設在普通班，在普通班上課學習，依據個別兒童的狀況，部分時間會抽離到資源班由特教教師提供特殊教育課程或輔導。

2. 特教班：依學區入學或安排就讀鄰近有特教班的學校，學籍設在特教班，每班主要由二位特教教師教授權班一至六年級的課程，並有助理老師共同協助學生在校學習，依據個別兒童的狀況，部分時間會回歸普通班進行融合教育。

3. 暫緩入學：經鑑定具有身心障礙資格，且有明確可行的暫緩入學教育計畫者，可晚一年入小學。

4. 在家教育：因健康情形經鑑輔會審核無法到校者，依學區入學，學籍設在普通班，由巡迴老師或原校老師到家輔導。

5. 注意事項

1) 無論是申請資源班、特教班、暫緩入學或是在家教育，可以透過目前就讀的幼兒園或學區國小輔導室報名。

2) 務必在期限內報名，讓國小安排心評老師評估，並有更充分的時間安排兒童入學後的各種教育服務。

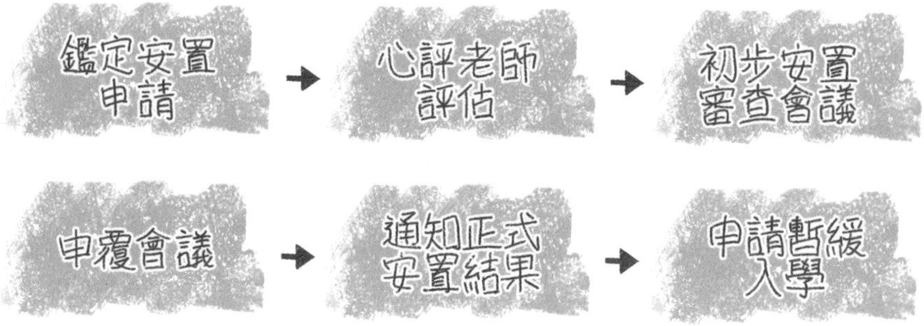

鑑定安置申請 → 心評老師評估 → 初步安置審查會議

申覆會議 → 通知正式安置結果 → 申請暫緩入學

★ 申請資料

1. 戶口名簿或戶籍謄本之影本
2. 身心障礙證明或診斷證明或評估報告
3. 申請表暨意願書
4. 學校適應能力量表（請幼兒園老師協助填寫）
5. 暫緩入學教育計畫

參考資料

1. 全國法規資料庫－兒童及少年福利與權益保障法

https:\\law.moj.gov.tw\LawClass\LawAll.aspx?PCode=D0050001

2. 全國法規資料庫－特殊教育法

https:\\law.moj.gov.tw\LawClass\LawAll.aspx?pcode=H0080027

3. 臺北市政府社會局－發展遲緩兒童療育補助

https:\\dosw.gov.taipei\cp.aspx?n=8F97E5D532EE9C35

4. 新北市政府社會局－兒童健康發展／早期療育

https:\\www.sw.ntpc.gov.tw\home.jsp?id=af6b347895e3de2c&act=be4f48068b2b0031&dataserno=

490876a2ea5230f5ed8daaf4598cc80c

5. 桃園市政府社會局－發展遲緩兒童早期療育服務

https:\\sab.tycg.gov.tw\home.jsp?id=30576&parentpath=0,30484,30493&mcustomize=onemessages_view.jsp&dataserno=201703170001&aplistdn=ou=data,ou=young,ou=chsocial,ou=ap_root,o=tycg,c=tw&toolsflag=Y

6. 衛生福利部社會及家庭署發展遲緩兒童通報暨個案管理服務網－各直轄市、縣（市）政府早期療育單位彙整表

https:\\system.sfaa.gov.tw\cecm\newsView\detail\279746858

7. 臺北市北區特殊教育資源中心

http:\\nse.tpmr.tp.edu.tw\index.php

8. 桃園北區特教資源中心

https:\\north.special.tyc.edu.tw\index.php

CONCLUSION

結語

每個孩子都是珍貴的禮物，需要仔細地照料與愛護。成長路上或多或少會遇到一些挑戰，不論孩子或家長可能都會有懊惱、不知所措，甚至感到挫折的時刻，許多衝突、爭吵、壓力、後悔也可能隨之而來，我們想讓你知道「你並不孤單！」其實有好多好多家長也正在經歷這一切，而身爲職能治療師的我們正是陪伴大家度過這些艱難挑戰的好朋友，這也是職能治療這個專業的價值所在！

職茁的治療師們集結了自身的知識和臨床經驗，打造了這本屬於〇～六歲孩子的發展指南和訓練寶典，這也是自職茁成立以來的第一部著作，更是我們的心血結晶啊！本書每個章節針對不同年齡層提供發展檢核和訓練建議，希望讀者可以透過這樣精確扼要的編排迅速找到自己需要的資訊，無論是孩子的照顧者、相關專業人員、學生、對於兒童發展感興趣的任何人，我們都期許這樣的一本工具書可以幫助你更熟悉孩子的發展歷程。

有些人可能會對「孩子照書養」的觀念存疑，我們也在這邊爲大家破解這個迷思！任何新手爸媽因爲沒有過往經驗，需要參考書籍、網路來獲取育兒知識，這完全是可以理解的！就好像不擅煮菜要看食譜學、到一個從沒去過的地方旅遊要先做功課，沒有人天生會照顧孩子、養育孩子，身爲新手「馴獸師」能做的當然是盡可能獲取需要的資訊。然而在資訊爆炸的年代，還是得注意各種資訊來源以及正確性，否則很容易淪爲道聽途說，因此職茁的治療師們運用自身專業知識，透過這本工具書提供大家可靠且實用的資訊。

孩子們是獨特的，正如世界上高矮胖瘦各式各樣的人都有，每個孩子適合的步調、方法都不盡相同，所以我們把這本書定義成「工具書」，你可以發現我們在書裡不是告訴大家「應該怎麼做」而是「可以怎麼做」，因為我們相信與孩子最親近的你更了解孩子的性格和習慣，由我們提供建議與方法，由你來驗證在孩子身上管不管用，當然如果實際執行上遇到了一些阻礙，還是建議要面對面諮詢專業的治療師，畢竟教養孩子是相當個別化的，有許多其他需要考量的因素或是可以嘗試的方法，這些可能就是這本書力有未逮之處了。

在本書的最後我們要再次提醒，發展是一個持續的過程，時刻關注孩子的能力是相當重要的一件事，三天捕魚兩天晒網很可能會因此錯過幫助孩子的最佳時機。訓練孩子的過程中，除了「建立」能力更要「穩定」能力，一項技巧不是學會了就作罷，當然也不是刻意地一直要求孩子重複練習，比較好的做法反而是透過融入日常生活的訓練，製造機會讓孩子可以不斷練習這些已經具備的技巧，奠定往下一步更進階技巧前進的基石！

【職茁— OüTstanding】

是由一群兒童職能治療師所組成的團隊，我們關注於孩子的成長，期望幫助孩子找到適合的方式面對社會、快樂成長，使生活中的各項「職能」都能「茁壯」。

附錄

一、各年齡詳細檢核表

	粗大動作	精細動作／視動整合	認知／語言
○個月～三個月	□俯臥時頭稍可抬起　（1M） □俯臥時頭抬起四十五度（2M） □俯臥時頭抬九十度　（3M）	□反射性抓住放入手中的物品（1M） □過中線左右追視　（2M） □雙手在胸前接觸　（3M） □抓握反射消失　（3M）	□聽到聲音會轉頭　（1M） □注意人臉　（1M） □會對人笑　（3M） □視覺偏好：人臉＞黑白＞單一色彩
三個月～六個月	□協助坐起時頭可固定　（4M） □側躺　（4M） □從躺著將寶寶拉起時，頭不會往後仰　（5M） □翻身　（6M） □坐著用雙手支撐三十秒（6M）	□以後三指和掌心抓握　（4M） □伸手抓東西　（5M） □雙手各可抓緊物品　（5M） □以前三指抓握　（6M） □物品在兩手間傳遞　（6M）	□色彩感、深度覺發展，可看到較遠物品　（4M） □會因高興而尖叫　（5M） □注意玩具的因果關係，如：敲／搖會發出聲音　（6M）

六個月～九個月	九個月～十二個月
□肚子貼地爬行（7M） □不支撐可坐得很好（8M） □肚子離地爬行（8M） □扶著東西可維持站姿（9M） □可前進後退爬行（9M）	□扶著東西邊緣會移步（10M） □獨立站十秒（11M） □拉一隻手可走幾步（11M） □單獨走幾步（12M） □蹲姿扶東西站起（12M）
□伸出手指操作小機關（7M） □雙手出現不同動作，如：一手抓一手按（8M） □手像耙子抓東西（8M） □以拇指和食指指側／指節抓起小東西（9M）	□雙手拿物品互敲、拍手（10M） □以拇指和食指指尖捏起小東西（12M） □更進階雙手動作協調，如：拔開積木（12M）
□正確轉向聲音來源（7M） □物體恆存概念發展，會玩躲貓貓（8M） □會分辨熟人和陌生（9M）	□對自己名字有反應（10M） □會用手勢表達需求（11M） □有意義的叫爸爸、媽媽（12M）

	粗大動作	精細動作／視動整合	認知／語言	社交情緒
一歲～一・五歲	□維持跪姿 □走得很穩且會轉彎 □能側向／向後走幾步 □由趴姿扶地站起 □可扶欄杆上下樓梯 □會將球丟出	□將物品放入容器或倒出 □一手同時抓取兩個物品 □翻開厚紙板書 □打開或闔上盒蓋 □拿起筆塗鴉 □開始用湯匙進食，但容易掉落 □疊高二～三塊積木	□配對圓形積木板 □會爬上椅子拿高處東西 □隨音樂起舞 □會用容器裝東西 □指出四種動物圖片 □常常將書拿對方向 □知道大部分物品名稱 □至少會用十個單字 □理解簡單指令	□好笑的事情發生時會笑 □做出餵娃娃或動物的動作
一・五歲～二歲	□手心向上拋球 □協助下單腳站立 □獨自上下樓梯 □由蹲姿不扶物站起 □原地跳 □能不靈活地跑	□疊高四～六塊積木 □一頁一頁翻厚紙板書 □模仿摺紙	□可在紙上規定範圍內畫畫 □指出熟悉物體的圖片 □配合聲音和圖片，如：狗—汪汪 □可指認四種動物 □可指認身體的三個部分 □會分類東西，如：顏色、形狀 □至少會用五十個詞彙 □回答一般問話，如：那是什麼？ □理解動詞+名詞的句子，如：「丟球」	□能在照片中認出自己 □會玩簡單的假裝遊戲 □會與玩具、玩伴對話 □知道玩伴的名字 □做簡單家事

二歲~三歲

- □能跳下矮凳
- □雙腳同時離地跳
- □一腳一階獨立上下樓梯
- □踮腳尖行走
- □單腳站三秒
- □會手心朝下丟球
- □兩腳皆會踢球
- □會騎三輪車
- □行走時腳跟到腳尖依序落地
- □行走時雙手交替擺動
- □較靈活地跑

- □疊高八~十塊積木
- □建立慣用手
- □轉開小罐子的蓋子
- □串珠珠
- □使用小剪刀（可能用不好）
- □跟著大人模仿畫|、○、|
- □使用玩具鎚子釘釘子

- □可配對三角形、圓形、正方形三種形狀
- □可配對紅黃藍綠四種顏色
- □可正確指認顏色
- □能正確使用常用器具
- □可背誦一到十
- □了解一個、兩個的概念
- □會完成三~四塊拼圖
- □知道「相同」和「不同」意思
- □對二~三步驟簡單指示能照次序做
- □使用「這個」「那個」等冠詞
- □使用「我們」「你們」「他們」

- □出現性別概念
- □會模仿同性父母的行為
- □能在照片中任出熟悉的人
- □會聽故事
- □了解課堂上大致規矩
- □會告狀
- □可與其他孩子玩扮家家酒

三歲~三·五歲	三·五歲~四歲
□靈活地跑 □不需扶持獨立上下樓梯 □不需扶持單腳跳一下	
□轉開小瓶子 □靜態三點抓握色筆 □依照範本畫出｜、○、｜ □使用剪刀把紙剪一半（一刀可剪斷長度） □單手打開衣夾並夾在卡紙上 □打開大鈕扣	□使用剪刀沿著直線剪 □上玩具發條 □用積木仿疊門 □單手拿起筆尖向小指的筆，轉成筆尖朝向紙面 □扣上大鈕扣
□會區分高矮、長短、大小 □認識圓形 □了解「上面」、「下面」、「旁邊」 □辨認並命名四種顏色 □能嘗試說出物品的特徵，如：球是圓的、馬會跑	□認識三角形 □認識正方形 □可從相差較小的物品中區分高矮、長短、大小 □認識長方形 □可點數十七個以內物品的數量 □會用「一樣」或「不同」描述東西 □可正確重複念出聽到的九個字的句子 □有多、少的概念
□會主動幫助他人、合作完成一件事 □已有要好的玩伴 □知道做錯事要說「對不起」	□出現競賽概念，喜歡與其他人比賽 □能自己過馬路，知道要看馬路兩邊

	粗大動作	精細動作／視動整合	認知／語言	社交情緒	生活自理
四歲～五歲	□腳跟貼腳尖前走二～三步 □可接住反彈球 □不需扶持單腳跳五次以上	□畫出十、□、簡單房子和人 □剪刀剪○或曲線 □使用小夾子夾東西，如海綿塊 □上下調整手中鉛筆的位置 □畫出╳ □剪刀剪□ □用繩子打單結 □大拇指分別碰觸其他四指 □著色不塗出線外	□會按大小順序將一連串物品排列 □知道「最先」、「最後」「中間」的次序 □能背數到二十以上 □有序數概念，如：可從五個排列好的東西中指出第三個 □能畫出兩種人物以上的圖畫，如：一個人和一棟房子	□會玩猜拳遊戲 □遊戲中會稱讚、批評他人 □會安慰、同情他人 □會與玩伴計畫要玩些什麼	□穿鞋不會穿錯腳 □可做好基本的盥洗，如：洗臉、刷牙 □上完廁所可以自己處理 □可做好洗手的步驟 □會用輔助筷夾菜、吃飯 □會在碗裡攪拌食物 □會穿襪子 □會扣外套、襯衫、褲子的扣子

五歲～六歲
□不需扶持單腳站十秒 □有韻律地雙腳交互跳 □合併雙腳前跳四十五公分以上 □踮腳尖走四．五公尺 □腳跟對腳尖後退走直線
□動態三點握筆 □畫出△、☆、數字、注音 □將紙對摺兩次 □沿線剪出複雜圖形
□會看時鐘 □了解「全部」和「一半」的意思 □了解 1/2、1/3、1/4 的意思，如：將十二個物品平分給兩人、三人、四人 □會區分遠近 □知道「多加一點」和「減少一點」的意思□知道十以內的數字順序，並且能接著念 □會寫數字一到九 □能做簡單的加減運算 □會從一數到一百不遺漏 □會區分左右 □認得大部分注音符號 □會寫簡單或熟悉的國字，如：大、小、自己的名字
□能區分自己和他人的東西，，會徵求他人同意 □遵循稍複雜的遊戲規則，如：簡單桌遊、撲克牌 □和他人分享祕密 □知道自己的生日
□自己穿脫一般衣物 □自己組合食物，如：三明治 □可用筷子進食 □會用刀子切東西 □會自己梳頭髮、繫鞋帶 □可自己洗澡，只需一點協助

二、可以尋求的醫療資源

在臺灣的健保體系中，孩子若在發展、專注力或情緒行爲上需要協助，會先由專門的醫療單位進行聯合評估，由醫師、職能治療師、物理治療師、語言治療師、心理師、社工等不同專業人員，對孩子的發展及家庭狀況進行全面性的評估。全臺各地區都有指定的聯合評估醫療院所，以下幫家長們整理出各地區的負責單位。

臺北市

名稱	連絡電話	地址
臺北醫學大學附設醫院	（02）2737-2181 #3241	臺北市信義區吳興街 252 號
國立臺灣大學醫學院附設醫院	（02）2312-3456 #70401	臺北市中山南路 7 號
財團法人臺灣基督長老教會馬偕醫療財團法人馬偕紀念醫院	（02）2543-3535 #3051 10449	臺北市中山區中山北路 2 段 92 號 10 樓
新光醫療財團法人新光吳火獅紀念醫院	（02）2833-2211 #2531	臺北市士林區文昌路 95 號

名稱	連絡電話	地址
醫療財團法人徐元智先生醫藥基金會亞東紀念醫院	（02）7728–2297	新北市板橋區南雅南路二段 21 號
天主教耕莘醫療財團法人耕莘醫院	（02）2219–3391 #67401	新北市新店區中正路 362 號
行天宮醫療志業醫療財團法人恩主公醫院	（02）2672–3456 #3303	新北市三峽區復興路 399 號
衛生福利部臺北醫院	（02）2276–1136 #5315	新北市新莊區思源路 127 號
佛教慈濟醫療財團法人臺北慈濟醫院	（02）6628–9779 #7713	新北市新店區建國路 289 號
新北市立聯合醫院	（02）2982–9111 #3168	新北市三重區新北大道一段 3 號
輔仁大學學校財團法人輔仁大學附設醫院	（02）8512–8888 #22333、22338	新北市泰山區貴子路 69 號
國泰醫療財團法人汐止國泰綜合醫院	（02）2648–2121 #5061	新北市汐止區建成路 59 巷 2 號
衛生福利部雙和醫院（委託臺北醫學大學興建經營）	（02）2249–0088 #2959	新北市中和區中正路 291 號
天主教耕莘醫療財團法人永和耕莘醫院	0952–552–038	新北市永和區中興街 80 號
新北市立土城醫院（委託長庚醫療財團法人興建經營）	（02）2263–0588 #2398	新北市土城區金城路二段 6 號
臺灣基督長老教會馬偕醫療財團法人淡水馬偕紀念醫院	（02）2809–4661#2200	新北市淡水區民生路 45 號

桃園市

名稱	連絡電話	地址
長庚醫療財團法人林口長庚紀念醫院	（03）328-1200 #8147	桃園市龜山區復興街 5 號
衛生福利部桃園醫院	（03）369-9721 #1141	桃園市桃園區中山路 1492 號
衛生福利部桃園醫院新屋分院	（03）497-1989 #5633	桃園市新屋區新屋村 14 鄰新福二路 6 號
臺北榮民總醫院桃園分院	（03）286-8001#2261	桃園市桃園區成功路 3 段 100 號

臺中市

名稱	連絡電話	地址
臺中榮民總醫院	（04）2374-1247	臺中市西屯區臺灣大道四段 1650 號
佛教慈濟醫療財團法人臺中慈濟醫院	（04）3606-0666 #4136	臺中市潭子區豐興路 1 段 88 號
光田醫療社團法人光田綜合醫院	（04）2662-5111 #2624	臺中市沙鹿區沙田路 117 號
中國醫藥大學兒童醫院	（04）2205-2121 #2328	臺中市北區育德路二號
中山醫學大學附設醫院	（04）2473-9595 #34918	臺中市南區建國北路一段 110 號
童綜合醫療社團法人童綜合醫院	（04）2658-1919 #56205	臺中市梧棲區臺灣大道八段 699 號
衛生福利部臺中醫院	（04）2229-4411 #1211	臺中市西區三民路一段 199 號
衛生福利部豐原醫院	（04）2527-1180 #3209	臺中市豐原區南陽里安康路 100 號
國軍臺中總醫院附設民眾診療服務處	（04）2393-4191 #525944	臺中市太平區中山路二段 348 號

仁愛醫療財團法人大里仁愛醫院	（04）2481-9900#35573	臺中市大里區東榮路 483 號

臺南市

名稱	連絡電話	地址
國立成功大學醫學院附設醫院	（06）235-3535 #4619	臺南市勝利路 138 號
奇美醫療財團法人奇美醫院	（06）282-2577 （06）251-7623	臺南市永康區中華路 901 號
臺南市立安南醫院（委託中國醫藥大學興建經營）	諮詢專線（06）355-3111 #2268 醫院掛號專線（06）355-6131	臺南市安南區長和路二段 66 號
衛生福利部臺南醫院	0972-572-001	臺南市中西區中山路 125 號
臺灣基督長老教會新樓醫療財團法人臺南新樓醫院	（06）274-8316 #5110	臺南市東區東門路一段 57 號
奇美醫療財團法人柳營奇美醫院	（06）622-6999 #77676	臺南市柳營區太康里太康 201 號
奇美醫療財團法人佳里奇美醫院	（06）726-3333 #33766	臺南市佳里區佳興里佳里興 606 號

高雄市

名稱	連絡電話	地址
財團法人私立高雄醫學大學附設中和紀念醫院	（07）312-1101 #6468 （07）315-4663	高雄市三民區自由一路 100 號

高雄榮民總醫院	（07）342-2121 #75017	高雄市左營區大中一路 386 號
長庚醫療財團法人高雄長庚紀念醫院	（07）731-7123 #8167	高雄市鳥松區大埤路 123 號
義大醫療財團法人義大醫院	（07）615-0011 #5751	高雄市燕巢區角宿里義大路 1 號
高雄市立大同醫院（委託財團法人私立高雄醫學大學附設中和紀念醫院經營）	（07）291-1101 #8404	高雄市前金區中華三路 68 號
高雄市立小港醫院（委託財團法人私立高雄醫學大學經營）	（07）803-6783 #3252、3250	高雄市小港區山明路 482 號
高雄市立聯合醫院	（07）555-2565 #2224	高雄市鼓山區中華一路 976 號
國軍高雄總醫院岡山分院	（07）625-0919 #1835、1837	高雄市岡山區大義二路一號
天主教聖功醫療財團法人聖功醫院	（07）223-8153 #6707	高雄市苓雅區建國一路 352 號
衛生福利部旗山醫院	（07）661-3811 #3108	高雄市旗山區中學路 60 號

宜蘭縣

名稱	連絡電話	地址
國立陽明交通大學附設醫院	（03）932-5192 #72120、72261	宜蘭市新民路 152 號
財團法人天主教靈醫會羅東聖母醫院	（03）954-4106 #8355	宜蘭縣羅東鎮中正南路 160 號
醫療財團法人羅許基金會羅東博愛醫院	（03）954-3131 #3322	宜蘭縣羅東鎮南昌街 81 號、83 號站前南路 61 號

基隆市

名稱	連絡電話	地址
衛生福利部基隆醫院	（02）2429-2525 #3518	基隆市信義區信二路 268 號
長庚醫療財團法人基隆長庚紀念醫院	（02）24329292#2150	基隆市安樂區基金一路 208 巷 200 號

新竹縣

名稱	連絡電話	地址
東元醫療社團法人東元綜合醫院	（03）551-0470	新竹縣竹北市縣政二路 69 號
國立臺灣大學醫學院附設醫院新竹臺大分院生醫醫院	0972-654-808	新竹縣竹東鎮至善路 52 號
中國醫藥大學新竹附設醫院	（03）558-0558 #1274	新竹縣竹北市興隆路一段 199 號

新竹市

名稱	連絡電話	地址
國立臺灣大學醫學院附設醫院新竹臺大分院新竹醫院	（03）532-6151 #523523	新竹市北區金華里經國路一段 442 巷 25 號

新竹市立馬偕兒童醫院（委託臺灣基督長老教會馬偕醫療財團法人興建經營）	（03）571-9999 #6319	新竹市東區建功二路 28 號

苗栗縣

名稱	連絡電話	地址
爲恭醫療財團法人爲恭紀念醫院	（037）676-811 #53382	苗栗縣頭份鎮信義路 128 號
大千綜合醫院	（037）357-125 #75103	苗栗縣苗栗市恭敬里恭敬路 36 號
李綜合醫療社團法人苑裡李綜合醫院	（037）862-387#1991	苗栗縣苑裡鎮和平路 168 號

彰化縣

名稱	連絡電話	地址
彰化基督教醫療財團法人彰化基督教兒童醫院	（04）723-8595 #1164	彰化縣彰化市南校街 135 號、50050 彰化縣彰化市旭光路 320 號
衛生福利部彰化醫院	（04）829-8686 #2043、2041	彰化縣埔心鄉舊館村中正路二段 80 號
秀傳醫療社團法人秀傳紀念醫院	（04）725-6166#83300、83301	彰化縣彰化市中山路一段 542 號

南投縣

名稱	連絡電話	地址
埔基醫療財團法人埔里基督教醫院	（049）291-2151 #2151	南投縣埔里鎮愛蘭里鐵山路 1 號
竹山秀傳醫療社團法人竹山秀傳醫院	（049）262-4266 #36537	南投縣竹山鎮集山路二段 75 號
衛生福利部南投醫院	（049）223-1150#3128	南投縣南投市復興路 478 號

雲林縣

名稱	連絡電話	地址
國立臺灣大學醫學院附設醫院雲林分院	（05）532-3911 #564304	雲林縣斗六市雲林路二段 579 號
天主教若瑟醫療財團法人若瑟醫院	（05）633-7333 #2237	雲林縣虎尾鎮新生路 74 號
中國醫藥大學北港附設醫院	（05）7837901#1035	雲林縣北港鎮新德路 123 號

嘉義縣

名稱	連絡電話	地址
佛教慈濟醫療財團法人大林慈濟醫院	（05）264-8000 #1177，5773	嘉義縣大林鎮平林里民生路 2 號
長庚醫療財團法人嘉義長庚紀念醫院	（05）362-1000 #2692	嘉義縣朴子市仁和里嘉朴路西段 6 號

嘉義市

名稱	連絡電話	地址
衛生福利部嘉義醫院	（05）231-9090 #2649	嘉義市西區北港路 312 號
戴德森醫療財團法人嘉義基督教醫院	（05）276-5041 #6707	嘉義市東區中庄里忠孝路 539 號
天主教中華聖母修女會醫療財團法人天主教聖馬爾定醫院	（05）275-6000# 3830、3805	嘉義市大雅路二段 565 號

屏東縣

名稱	連絡電話	地址
屏基醫療財團法人屏東基督教醫院	（08）736-8686 #2417	屏東縣屏東市大連路 60 號
安泰醫療社團法人安泰醫院	（08）832-9966 #2012	屏東縣東港鎮中正路 1 段 210 號
衛生福利部屏東醫院	（08）736-3011 #2126	屏東市自由路 270 號
屏東榮民總醫院	（08）7557885#85037	屏東縣屏東市榮總東路 1 號

臺東縣

名稱	連絡電話	地址
臺灣基督長老教會馬偕醫療財團法人臺東馬偕紀念醫院	(089) 351-642	臺東市長沙街 303 巷 1 號
東基醫療財團法人臺東基督教醫院	(089) 960-115	臺東市開封街 350 號

花蓮縣

名稱	連絡電話	地址
佛教慈濟醫療財團法人花蓮慈濟醫院	(03) 857-8600	花蓮縣花蓮市中央路三段 707 號
臺灣基督教門諾會醫療財團法人門諾醫院	(03) 824-1409	花蓮市民權路 44 號

澎湖縣

名稱	連絡電話	地址
天主教靈醫會醫療財團法人惠民醫院	(06) 927-2318 #120	澎湖縣馬公市樹德路 14 號

金門縣

名稱	連絡電話	地址
衛生福利部金門醫院	（082）331-960	金門縣金湖鎮新市里復興路 2 號

連江縣

名稱	連絡電話	地址
連江縣立醫院	（0836）23995	連江縣南竿鄉復興村 217 號

參考資料

1. DSM-5精神疾病診斷準則手冊（修訂版）（Desk Reference to the Diagnostic Criteria from DSM-5）

2. Occupational Therapy for Children and Adolescents 4 section

3. Cognitive rehabilitation：An integrative neuropsychological approach.（Sohlberg and Mateer（2001）-clinical model of attention）

4.衛生福利部國民健康署－兒童發展聯合評估中心服務聯繫資訊
https://www.hpa.gov.tw／Pages／Detail.aspx?nodeid=1602&pid=548

5.衛生福利部社會及家庭署發展遲緩兒童通報暨個案管理服務網－相關資源
https://system.sfaa.gov.tw／cecm／resourceView／detail?cntcode=63000

CARE 系列 094

0-6歲兒童成長手冊：掌握學習關鍵，培養五大基礎能力

作者—職茁OüTstanding

是由一群兒童職能治療師創立的工作室，團隊成立於二〇二〇年，透過自身職能治療的臨床及學術經驗，分析解決孩子在生活中遇到的大小問題，並針對不同類型的孩子舉辦講座、體驗營、工作坊等主題活動，帶領親子一同探究生活中的疑難雜症，陪伴家長與孩子擊破成長過程面臨的挑戰！團隊參與過多項私人與政府機構的研究案，包含未來台灣兒童博物館的設立研究，也於每個月舉辦公益講座與聊天室提供新知給需要的家長，只要對孩子有益的活動，我們都相當有興趣參與。

我們關注孩子的成長，希望帶著我們的專業走出醫院，幫助到更多需要協助的家長，哪個家長沒有在孩子的成長過程中遇過挫折呢？我們期待和家長一起蹲下身，幫助孩子找到適合的方式面對社會、快樂成長，使生活中的各項「職能」都能「茁壯」。

時報文化出版公司成立於一九七五年，並於一九九九年股票上櫃公開發行，於二〇〇八年脫離中時集團非屬旺中，以「尊重智慧與創意的文化事業」為信念。

主　編—李國祥
企　畫—吳美瑤

董事長—趙政岷
出版者—時報文化出版企業股份有限公司
一〇八〇一九臺北市和平西路三段二四〇號三樓
發行專線—（〇二）二三〇六六八四二
讀者服務專線—〇八〇〇二三一七〇五
（〇二）二三〇四七一〇三
讀者服務傳真—（〇二）二三〇四六八五八
郵撥—一九三四四七二四 時報文化出版公司
信箱—一〇八九九臺北華江橋郵局第九九信箱
時報悅讀網—http://www.readingtimes.com.tw
電子郵件信箱—newstudy@readingtimes.com.tw
法律顧問—理律法律事務所 陳長文律師、李念祖律師
印　刷—勁達印刷有限公司
初版一刷—二〇二五年一月十日
定　價—新臺幣三八〇元
（若有缺頁或破損，請寄回更換）

0-6歲兒童成長手冊：掌握學習關鍵,培養五大基礎能力 / 職茁團隊著. -- 初版. -- 臺北市：時報文化出版企業股份有限公司, 2025.01
面；　公分. -- (Care；94)
ISBN 978-626-419-150-0(平裝)
1.CST: 育兒

428　　113019788

ISBN 978-626-419-150-0
Printed in Taiwan